비문학과 통합과학을 준비하는

요즘 청소년을 위한

화학의 쓸모

비문학과 통합과학을 준비하는
요즘 청소년을 위한 화학의 쓸모

펴낸날 1판 1쇄 2024년 9월 10일
글 정병진
펴낸이 정종호
펴낸곳 (주)청어람미디어
편집 홍선영
디자인 이규헌, 이원우
마케팅 강유은, 박유진
제작·관리 정수진
인쇄·제본 (주)성신미디어
등록 1998년 12월 8일 제22-1469호
주소 04045 서울시 마포구 양화로 56, 1122호
전화 02-3143-4006~4008
팩스 02-3143-4003
이메일 chungaram_e@naver.com
홈페이지 www.chungarammedia.com
인스타그램 www.instagram.com/chungaram_media

ISBN 979-11-5871-262-4 43430

비문학과 통합과학을 준비하는

요즘 청소년을 위한

화학의
쓸모

정병진 지음

✱성안람미디어

여는 글

'화학'이라고 하면 가장 먼저 뭐가 떠오르시나요? 저는 어떤 과목을 가르치냐는 질문에 "화학이요"라고 답하면 말이 끝나기 무섭게 "어려운 과목을 가르치시네요"라는 말을 자주 듣습니다.

학생들은 "선생님, 산화·환원 반응식에서 이동한 전자수를 활용해 어떻게 물질의 계수를 맞추나요?" 혹은 "선생님, 화학반응의 양적관계와 중화반응 관련 문제들을 좀 쉽게 푸는 방법은 없나요?"처럼 수능에서 고득점을 받을 수 있는 문제 풀이 묘수가 있으면 알려달라고 하지요. 일반 성인들도 화학이라고 하면 중·고등학생 때 외웠던 주기율표를 거의 반자동으로 떠올리고 '칼카나마알아철~~(K>Ca>Na>Mg>Al>Zn>Fe~~)' 같은 이온화 경향을 주문처럼 읊기도 합니다. 화학은 여전히 많은 사람에게 복잡하고 어려운 과목으로 여겨지는 것 같습니다.

물론 이런 분들께 "화학은 절대 어려운 학문이 아니에요!"라고 반박하지는 않겠습니다. 하지만 어쩌다 화학이 시험을 치르기 위해서나 공부하는 어렵고 복잡한 과목 중 하나 정도가 된 것인지 안타깝습니다.

사실 우리는 매일 어느 곳에 있든 화학과 함께 숨 쉬고 있습니다. 화학 없는 생활을 상상하기 어려울 정도입니다. 청결을 위해 매일 사용하는 비누나 샴푸, 주방과 세탁실에서 사용하는 합성세제, 피부 건강과 아름다움을 위해 사용하는 화장품 등과 같은 화학을 응용한 다양한 제품이 늘 우리 주변에 있습니다. 화학은 지금껏 우리의 생활을 변화시켜 왔고 앞으로도 더 변화시킬 수 있는 무한한 잠재력을 가진 학문입니다. 실험실이나 연구실이 아니어도 이동수단인 자동차와 비행기나 자전거의 바퀴 타이어도, 100세 시대를 열어준 첨단 의약품들도, 미래 에너지도 모두 화학과 연관되어 있고, 화학으로 설명할 수 있습니다.

　이처럼 세상을 바꾸고 움직이고 상상할 수 있게 하는 유용한 화학을 몰라도 될까요? 지금부터 누구나 일상에서 접하는 화학부터 화학이 어떻게 인류에 이바지해 왔는지 그리고 화학이 열어줄 새로운 미래 세상까지 화학의 많은 쓸모를 소개하고자 합니다.

　이 책을 통해 화학을 입시만을 위해 공부하는 지루한 과목이 아닌, 우리의 삶을 풍요롭고 미래를 지속가능하게 만드는 든든한 친구 같은 존재로 기억하고 즐기는 기회가 되면 좋겠습니다. 미래 사회의 혁신적인 기술 개발을 통해 환경 문제까지 해결할 화학 세상, 미래를 탐구하는 화학 세상으로 여러분을 초대합니다!

진또배기, **빠**삭한 지식으로, **빠**르고 정확하게, **오**개념을 잡아주는
진빠빠오 화학 T. **정병진**

차 례

쓸모 1

가정에 스며 있는
화학 이야기

매일 우리는 화학 물질과 함께 살고 있지만,
어디에, 어떻게 활용되고 있는지는 잘 알지 못합니다.
관심이 없기보다는 너무 익숙해서가 아닐까요?
가정에서 쉽게 찾아볼 수 있는 화학을 소개합니다.

1

욕실에 숨겨진 화학 이야기

물방울, 물거품 속에도 화학이?

화학시험이 끝난 후 곳곳에서 한숨 섞인 탄식이 들립니다. "화학은 왜 이렇게 어려운 거야! 이번에도 계획한 게 다 물거품이 돼버렸어!" 우리는 종종 자신의 노력이나 쏟아부은 시간이 한순간에 헛되게 된 상황을 물거품이라는 단어로 표현합니다. 여기서 잠깐! 물거품이라고? 여러분, 물거품에도 화학적 원리가 숨어 있다는 걸 아시나요?

자, 코팅된 노트 위에 물 몇 방울을 떨어뜨려 보세요. 그리고 노트를 이리저리 기울여 보세요. 물방울들이 서로 뭉치는 모습을 볼 수 있을 겁니다. 어떠한 힘도 가하지 않았는데 말이죠. 왜 그럴까요? 액체는 가능한 한 작은 표면적을 유지하기 위해 수축하는 성질(분자 간 작용하는 힘), 즉 **인력**이라는 게 있습니다. 노트 위에 떨어뜨린 물방울들의 표면적이 가장 작아지려면 구형이 되어야 합니다. 그래서 동그랗게 뭉치는 현상이 나타나지요. 이를 **표면장력**이라고 합니다. 무중력 상태인 우주선 내부에 물이 쏟아지면 물방울이 둥둥 떠다니는 것도 이 힘 때문입니다.

소금쟁이가 물 위에 떠 있을 수 있는 이유도 표면장력으로 설명할 수 있습니다. 예를 들어 설명해 볼게요. 친한 두 사람이 손을 꼭 잡고 있는데 다른 누군가가 이를 끊으려고 끼어든다면 어떻게 될까요? 친한 사람끼리는 맞잡은 손을 풀기보다는 낯선 사람을 밀어내겠죠. 물은 친한 사람들처럼 분자들끼리 꼭 잡고 있어요. 분자 간 인력이 매우 크지요. 동그랗게 자기들끼리 모이려는 힘인 표

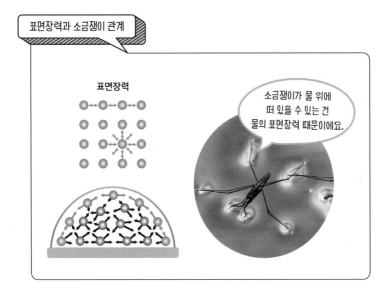

표면장력과 소금쟁이 관계

표면장력

소금쟁이가 물 위에 떠 있을 수 있는 건 물의 표면장력 때문이에요.

면장력도 크고, 낯선 사람을 밀어내는 힘도 매우 커서 낯선 소금쟁이는 밀려서 물 위를 떠다닐 수 있는 겁니다.

자, 이번에는 물로 거품을 한번 만들어볼게요. 물방울 하나로 도전해 봅시다. 거품을 만들기 위해 물방울의 부피를 조금씩 증가시킬게요. 천천히 조심스럽게 다뤄주세요. 부피가 증가하면 물방울의 표면적도 같이 증가합니다. 하지만 표면장력이 큰 물은 늘어난 표면적을 최소화하려고 곧장 다시 수축합니다. 아쉽게도 "거품이다!"라고 인식하기도 전에 '펑' 하고 터져버립니다. 노력한 시간에 비해, 순식간에 없어져 버리는 물거품! 우리가 일상적으로 쓰는 "물거품이 되었다!"라는 표현은 이런 과학적 현상과도 딱 맞아떨어지는 비유 같네요.

잠시만요! 그런데 비눗방울은 크게 만들고, 모양을 오래 유지시킬 수도 있지 않을까요? 표면장력을 약하게 만드는 **계면활성제**를 사용하면 가능합니다. 계면이란 고체·액체·기체 중 두 가지 이상의 물질이 접할 때 생기는 경계면으로, '경' 자를 뺀 것뿐이에요. 그리고 활성제는 말 그대로 '활성화'시키는 물질이지요. 화학적으로 그 경계를 허물어 다른 물질이 혼합되게 하는 물질이라고 이해하면 됩니다. 그러니까 계면활성제는 표면장력 혹은 계면장력을 감소시켜 잘 섞이게 하는 데 도움이 되는 물질인 거지요.

물과 기름은 잘 섞이지 않아요. 투명한 용기에 두 물질을 넣고

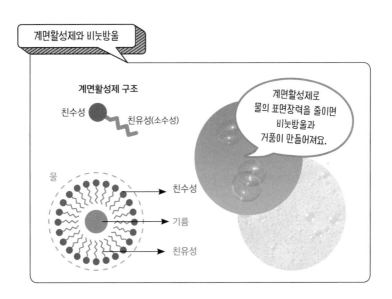

관찰하면 서로 성질이 달라 층이 나뉘는 것을 볼 수 있어요. 그런데 여기에 물에도 잘 녹고 기름에도 녹기 쉬운 성질을 가진 화합물인 계면활성제를 넣으면 어떻게 될까요? 물과 기름의 경계면에 이 계면활성제가 달라붙어 표면장력을 약하게 만들어서 두 물질이 섞일 수 있도록 합니다.

계면활성제의 구조는 콩나물과 비슷해요. 머리 부분은 물과 상호작용을 하는 친수성 성질을 띠고, 줄기와 꼬리 부분은 기름과 상호작용을 하는 친유기(소수성) 성질인 구조라고 생각하면 돼요.

비눗물이 계면활성제의 역할을 합니다. 물 분자 사이에 끼어들어 인력을 약하게 만들어 물의 표면장력이 줄어 비눗방울이 만들어지는 거지요. 이러한 계면활성제를 우리는 매일 같이 사용하고 있습니다.

계면활성제로 뒤덮인 욕실!

우리는 매일 비누와 클렌징폼으로 손을 씻고 세수하며, 치약으로 양치질하고, 샴푸로 머리를 감고 있어요. 여러 번 헹구기도 귀찮은데 그냥 물로만 씻으면 안 될까요? 세정제를 사용하지 않으면 세균과 기름때, 미세먼지 등을 닦아내기 어려워요. 세제의 거품이 피부 결을 따라 붙어 있는 오염물질을 분리해 깨끗하게 씻는 데 도움을 주거든요.

지금 바로 욕실로 가보세요. 그리고 사용하고 있는 제품들의 용기 뒷부분의 **전성분** 표시를 한번 살펴보세요. 계면활성제라는 단어가 또렷하게 보일 겁니다. 소듐라우릴황산나트륨(SLS), 암모늄라우릴설페이트(ALS), 암모늄라우레스설페이트(ALES) 등이 적혀 있나요? 모두 계면활성제의 성분명입니다. 우리가 흔히 사용하고 있는 세정제에는 대부분 계면활성제가 사용되고 있다고 생각해도 무방해요.

잠시 원리를 살펴볼게요. 일상생활에서 밀접하게 사용하는 비누와 클렌징폼에 포함된 계면활성제는 오염물의 경계면에 붙어서 피부로부터 오염물이 분리되도록 유도합니다. 좀 더 자세히 설명하면, 계면활성제가 **미셀 구조**를 만들어 오염물을 둘러싸고, 이 미셀 구조를 물에 분산시키면서 세정작용을 하는 것이죠. 이러한 과정을 거치면서 피부에 묻어 있는 다양한 먼지와 기름, 각질, 세균 등을 제거해 피부를 맑게 합니다.

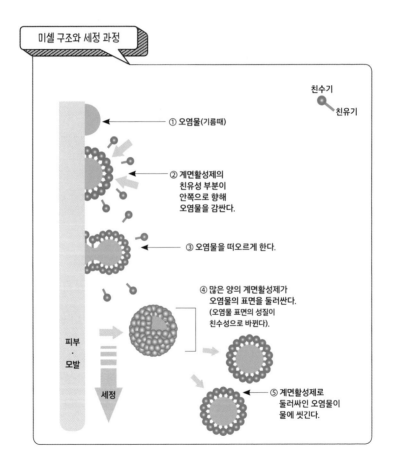

미셀 구조와 세정 과정

친수기

친유기

① 오염물(기름때)

② 계면활성제의
친유성 부분이
안쪽으로 향해
오염물을 감싼다.

③ 오염물을 떠오르게 한다.

④ 많은 양의 계면활성제가
오염물의 표면을 둘러싼다.
(오염물 표면의 성질이
친수성으로 바뀐다).

피부
·
모발

세정

⑤ 계면활성제로
둘러싸인 오염물이
물에 씻긴다.

그렇다면 계면활성제는 우리 피부에 어떤 영향을 미칠까요? 피부 장벽은 크게 피지막과 각질층으로 이루어져 있습니다. 외부의 물리·화학적 자극과 침투에 방어막 역할을 하고, 피부 속 수분을 일정하게 유지하는 역할을 하지요.

그런데 계면활성제의 강력한 세정력과 유화력은 수용성 보습 성분은 물론 지용성인 지질도 쉽게 녹여내면서 피부 장벽을 파괴하기도 해요. 이 때문에 균형이 무너지면 피부 속 수분 증발을 일으켜 피부를 건조하게 만들기도 하죠. 겹겹이 쌓인 각질층을 파고들어 보호막이 파괴되고 이 틈으로 화학 첨가물과 색소 등이 스며들어 피부 노화를 촉진하기도 합니다.

우리가 하루 세 번 사용하는 치약은 다양한 화학적 성분과 계면활성제, 연마제 등이 포함된 염기성 물질입니다. 입속은 중성 상태를 유지해야 하는데 음식물이 들어오면 산성으로 변하면서 치아를 보호하고 있는 에나멜층이 손상되기 시작합니다. 그리고 치아 사이에 낀 음식물 찌꺼기로 인해 세균이 증식하면서 약해진 에나멜층이 분해되어 충치가 생기게 되지요. 이를 예방하기 위해 치약으로 양치질을 하면서 입안을 중성으로 바꿔주고, 연마제의 미세한 알갱이로 음식물 찌꺼기를 분쇄해 물리적으로 제거하는 겁니다. 이때 치약의 계면활성제는 거품을 만들고 음식물을 화학적으로 분해해 제거하는 장점도 있지만, 건조증을 유발해 입 마름과 입 냄새의 원인이 되기도 합니다. 그래서 양치 후에는 물로 충분히 헹궈서 입속에 치약이 남아 있지 않도록 하는 것이 구강 건강에 좋습니다.

머리를 감는 샴푸에도 계면활성제가 포함되어 있습니다. 샴푸에 들어 있는 계면활성제는 부드러운 거품을 만들어 머리카락과 두피에 성분 물질을 스며들게 하지요. 거품은 기름때나 먼지, 스타일링 제품의 잔여물 등을 제거하는 세정력을 높입니다. 하지만 두피 상태와 민감도에 따라 알레르기 반응을 일으키기도 해요. 건조증으로 인한 두피 질환이나 가려움증이 나타나기도 합니다. 계면활성제는 사용 용도와 범위를 지켜 사용해야 합니다. 사람에 따라 위험한 화학 물질이 되기도 하거든요. 하지만 다른 화학 물질들과 마찬가지로 필요한 곳에 적절한 양을 사용한다면, 우리 생활에 유용한 물질이에요.

비누나 샴푸, 치약 등에 들어 있는 계면활성제는 거품을 만들어 이물질과 기름때를 씻어내요.

세척력이 뛰어난 합성세제, 계속 써도 될까?

합성세제는 단어에서 유추할 수 있듯이 석유 화학 원료를 합성해 만든 세제입니다. 비누와 비슷한 역할을 하지만 차이가 있어요. 비누는 동물성 또는 식물성 유지(기름)에 양잿물이라고 알려진 수산화나트륨($NaOH$, 가성소다)을 넣고 가열해서 만듭니다. 이렇게 만든 비누는 염기성 물질이라 단백질을 녹이는 성질이 있어서 동물성 섬유를 세탁하는 데는 적절하지 않아요.

가족과 펜션에 놀러 갔다가 비누로 머리를 감아본 적이 있나요? 아마도 거품이 잘 생기지 않았던 기억이 있을 거예요. 센물인 지하수에 들어 있는 칼슘이온(Ca^{2+})이나 마그네슘이온(Mg^{2+})이 비누의 주성분인 계면활성제의 역할을 방해하기 때문이에요. 거품이 잘 생기지 않아 세척력도 떨어지지요. 센물로 머리를 감으면 뻑뻑한 느낌이 드는 것도 이 때문입니다.

합성세제는 비누의 이런 단점을 보완하고, 찬물에서도 잘 녹고 세척력도 높일 수 있도록 만들어진 화학 물질이에요. 초기에 개발된 합성세제는 알킬벤젠술폰산나트륨(ABS)이라는 물질이었어요. 저렴한 가격에 우수한 세척력으로 선풍적인 인기를 끌었죠. 하지만 자연에서 쉽게 분해되지 않아 환경과 인체에 유해해 1980년대부터 사용이 금지되었어요. 이후 단점을 보완해 ABS보다 센물에도 세정력이 떨어지지 않으면서 미생물에도 쉽게 분해되는 세척력이 우수한 선형알킬벤젠술폰산나트륨(LAS)가 개발되었습니다. 하지만 오해하지는 마세요! ABS보다 분해력이 좋다는 것이지 실제 환경에 해가 없을 만큼 우수한 것은 아니에요.

합성세제는 크게 알칼리, 중성, 산성 세제로 분류할 수 있어요. 알칼리 세제는 기름때나 땀, 피지 등 약산성을 물질을 씻는데 가장 효과적이죠. 중성 세제는 요즘 가장 사랑받고 있는 세제입니다. 세정력은 다소 떨어지지만 옷감 손상이 적고, 피부에 자극적이지 않으며 섬유유연제를 사용하지 않아도 옷감을 부드럽게 유지할 수 있지요. 과일이나 채소들을 씻을 때 주로 사용합니다. 산성 세제는 화장실용으로 많이 사용합니다. 특히 염기성인 암모니아가 주성분인 대소변 세척에 매우 효과적이죠.

이 외에도 우리는 미처 알지 못하는 사이에도 많은 화학 성분과 접촉하고 있어요. 좋은 점만 있는 건 아니에요. 독성을 가진 물질에 의한 피부 자극이나 알레르기, 공기 중에 휘발되는 화학 물질의 증가로 인한 호흡기 문제, 물속에 녹아든 유해 화학 물질로 인한 수질오염 등 다양한 문제점들이 나타나고 있습니다.

합성세제의 주성분인 계면활성제와 다양한 보조 성분은 환경오염의 주요 원인이기도 해요. 다량의 거품을 발생시켜 물 표면에 얇은 막을 형성해 햇빛과 산소 공급 등을 차단시켜 물의 자정 능력을 떨어뜨립니다. 합성세제의 세척력을 높이기 위해 사용되는 인산염도 그중 하나입니다. 호수나 하천수의 식물 영양 염류 농도를 높이고 식물성 플랑크톤의 영양소로 활용돼 하천의 부영양화를 일으킵니다. 그 결과 물속 산소량이 급속히 줄어 수중 생태계에 나쁜 영향을 미치지요.

단순히 옷에 묻은 더러움과 때가 지워지기를 원한다면 시중에 나와 있는 아무 합성세제나 사용해도 상관없겠죠. 하지만 깨끗하면서도 건강하게 환경까지 지키려면 다른 선택이 필요해요. 우리 주변에서 쉽게 구할 수 있는 천연세제인 구연산은 산성 성분이라 물때나 곰팡이 제거에 효과적이고, 섬유유연제 대신 사용할 수도 있습니다. 달고나를 만들 때 넣은 흰색 가루가 베이킹소다인데 세정 효과가 좋아서 채소와 과일을 씻거나 세제와 섞어 세탁 보조용으로 사용해도 좋아요. 하지만 구연산과 베이킹소다를 동시에 사용하면 산성과 염기성이 만나 중화반응이 일어나기 때문에 세척 효과가 사라집니다.

우리 주변에서 비록 합성세제만큼 세정력이 우수하지는 못할지라도 합성세제를 대체할 수 있는 다양한 물질이 있어요. 이런 것들을 찾아 사용하면 환경보호에 일조할 수 있습니다. 사소한 일처럼 보여도 많은 이가 함께 실천한다면 변화가 생길 거예요. 우리 모두 환경을 지키는 파수꾼이 돼보는 건 어떨까요.

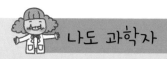

나도 과학자

  활동 1 비눗물은 어느 쪽일까?

준비물 코팅지, 매직, 약간의 물, 스포이트나 빨대

❶ 같은 크기의 글자가 쓰인 코팅지 위에 물과 비눗물을 각각 한 방울씩 떨어뜨립니다.

❷ 글자가 확대된 정도를 관찰합니다. Ⓐ와 Ⓑ 중 물과 비눗물은 각각 어느 쪽일까요?

❸ 어느 쪽 글씨가 더 크게 보이나요? 왜 그런지 설명해 봅시다.

계면활성제가 포함된 비눗물은 표면장력이 약해집니다. 반면에 아무것도 첨가하지 않은 물방울은 표면장력이 더 커서 볼록렌즈의 역할을 합니다. 그래서 물방울 쪽의 글씨가 더 크게 보입니다.

Ⓐ   Ⓑ

활동 2 물 위에 띄운 종이는 어느 쪽으로 움직일까?

준비물 수조, 물, 두꺼운 종이, 비눗물

❶ 아래 그림과 같이 물이 담긴 수조 위에 배 모양으로 만든 두꺼운 종이를 띄웁니다.

❷ Ⓐ 위치에 비눗물을 떨어뜨린 후 배 모양 종이의 움직임을 관찰합니다.

❸ 배 모양 종이는 어느 쪽으로 움직이나요? 왜 그런지 설명해 봅시다.

계면활성제가 포함된 비눗물 때문에 Ⓐ 위치에서는 물 분자들 사이의 인력이 약해지면서 표면장력이 작아집니다. 자, 그러면 어느 쪽의 표면장력이 더 클까요? 맞아요! 앞쪽이지요. 앞쪽이 상대적으로 표면장력(인력)이 커서 물을 당기는 꼴이 됩니다. 결국 Ⓐ에 비눗물을 떨어뜨리면 배 모양 종이는 앞쪽으로 이동합니다.

주방에 숨겨진 화학 이야기

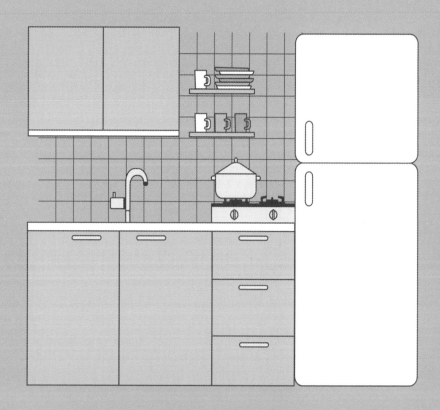

불맛 속에 화학이?

"으…, 아까운 고기! 다 타버렸잖아! 그냥 먹을까? 탄 부분만 잘라내고 먹을까?" "안 돼, 탄 음식을 많이 먹으면 암에 걸린대!" 맛있는 고기를 구워 먹을 때 종종 하는 경험입니다. 물론 불맛이 난다면서 좋아하는 사람도 있겠지만 보통은 쓴맛도 나고 탄 음식이 건강에 좋지 않다는 이야기를 들어서 탄 부분을 잘라내고 먹습니다. 그런데 정말 탄 부분을 먹으면 암에 걸릴까요? 탄 음식에는 어떤 성분이 있길래 우리 몸에 나쁜 영향을 미치는 걸까요?

고기를 구울 때 발생하는 유해 화학 물질에 대해 들어본 적 있나요? 고기를 굽다 보면 살코기와 비계의 경계면이 검게 탈 때가 있습니다. 이때 **벤조피렌**이라는 물질이 생성됩니다. 검게 탄 부분을 먹지 말라는 이유가 이 벤조피렌 때문이죠. 그렇다면 탄 부분만 잘라내면 안전할까요? 그렇지 않아요. 고기가 타면서 생성된

벤조피렌은 기름을 타고 고기 전체에
퍼지거나, 고기를 구울 때 나는 연기
에도 포함되어 있습니다.

벤조피렌은 상업적으로 활용하기
위해 만들어진 화학 물질이 아닌
300~600℃의 온도에서 **불완전 연소**로

벤조피렌의 구조

생성되는 유해 화학 물질입니다. 요즘은 환경오염으로 인해 가공
되지 않은 농산물이나 식품에서도 벤조피렌이 검출되기도 해요.

벤조피렌의 발생은 인위적 요인이 크게 작용해요. 불완전 연소
가 일어난 자동차의 배기가스, 담배 연기, 쓰레기 소각장 연기뿐
아니라 숯불에 구운 소고기나 돼지고기 등 가열하면서 검게 탄
식품, 로스팅된 커피콩에도 들어 있어요. 거의 모든 유기물이 탈
때 발생한다고 볼 수 있어요. 심지어는 참기름과 들기름처럼 씨앗
을 압착해 기름을 만드는 과정에서도 벤조피렌이 발생합니다.

이런 벤조피렌에 짧은 시간 다량으로 노출되면, 적혈구가 파괴
되어 빈혈을 일으킬 수 있으며 면역력이 떨어집니다. 우리 몸에 축
적되면 DNA를 파괴하고, DNA 복제와 전사 과정에서 돌연변이를
유도해 암을 일으키기도 하지요. 엄밀히 말하면 벤조피렌 자체가
암을 발생시킨다기보다는 벤조피렌이 우리 몸에서 대사 과정을
거치며 생성된 또 다른 물질(디올 에폭사이드)이 DNA와 결합해 변

형을 일으켜 암이 발생하는 것입니다.

　이런 유해 물질에 노출되는 것을 줄이기 위해서는 첫째, 음식을 조리할 때는 지방과 불순물을 제거하고, 고온에서 오랜 시간 조리하지 않아야 해요. 벤조피렌은 불맛과 바삭함을 느낄 수 있는 튀김이나 볶음, 구이 등의 조리 과정에서 탄수화물·단백질·지방이 탄소와 화합하거나 탄소로 변화되면서(탄화) 생성되니까요. 이러한 조리 방법 대신 찌거나 삶는다면 벤조피렌 발생을 줄일 수 있어요. 그리고 조리 시 발생하는 연기에도 포함되어 있어 환기를 자주 하는 게 좋습니다.

　둘째, 자동차 배기가스에도 벤조피렌이 포함되어 있어요. 따라서 매연이 심한 곳이나 교통량이 많은 시간 때 도로변은 피하는

우리 몸에 해로운 벤조피렌은 볶음이나 구이 등 음식을 조리할 때도 나오고 자동차 배기가스에도 있어요!

것이 좋습니다. 미세먼지가 심한 날에는 외출을 자제하고, 외출해야 할 때는 마스크를 착용해야 한다는 것도 잊지 마세요.

셋째, 벤조피렌은 담배 연기 성분 중에서 가장 먼저 밝혀진 발암 물질이에요. 흡연자뿐 아니라 간접흡연으로도 우리 몸에 들어올 수 있어요. 가족의 건강을 위해서는 금연은 필수! 노담해요!

주방에 화학이 날아다녀요!

평생 담배를 피워본 적도 없는 비흡연 여성들의 폐암이 증가하고 있다는 뉴스나 신문 기사를 접한 적이 있을 거예요. '폐암의 가장 큰 원인은 흡연'이라고 알고 있는데, 흡연자도 아닌데 폐암에 걸리는 이유가 뭘까요?

그 원인은 죽음의 미세입자라 불리는 **조리흄**(cooking fume) 때문입니다. 외출 시 미세농도를 걱정하지만 정작 그보다 더 위험성이 높은 집 안 공기에 대해서는 심각성을 덜 느끼는 것 같아요. 주방에서 조리하는 음식과 가스레인지 등에서 발생하는 연기에는 다양한 유해 화학 물질들이 숨어 있어요. 이런 물질들은 직접 요리하는 사람뿐 아니라, 같은 공간을 공유하고 있는 가족 구성원의 건강까지도 위협할 수 있습니다.

조리흄은 미세먼지, 아니 초미세먼지보다도 입자가 작아요. 주로 기름을 사용해서 튀김이나 볶음, 구이 등의 요리를 하는 과정

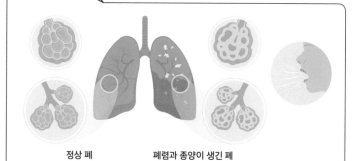

유해 물질에 의한 폐 질환

정상 폐　　　　　폐렴과 종양이 생긴 폐

조리흄 입자는 지름이 100nm 이하로 초미세먼지보다 25분의 1이나 작다.
숨 쉴 때 세포 깊숙이 침투해 폐에 염증을 일으키거나 폐암의 원인이 되기도 한다.

에서 각종 재료가 타면서 발생하는 고농도 미세먼지로 이루어진 연기예요. 이 연기는 고온에서 변화된 기름 입자가 미세먼지 주변을 감싸면서 생성된 물질과 연소 생성물, 1급 발암 물질인 폼알데하이드, 다환방향족탄화수소(PHA) 등이 포함된 복합 화학 물질입니다.

　식용유와 식재료 등을 고온에서 가열할 때 성분 물질들이 분해되거나 변형되어 다양한 유기 화합물이 만들어져요. 또 불완전 연소로 발생한 일산화탄소, 질소산화물, 황산화물 등이 연기 상태로 공기 중으로 흩어집니다. 이러한 물질은 우리 몸에 나쁜 영향을 미칩니다.

세계보건기구(WHO)의 연구 결과에 의하면, 주방에서 발생하는 조리흄은 호흡을 통해 우리 호흡기로 들어와 염증을 발생시킵니다. 기도의 상피세포와 면역을 담당하는 대식세포에서 DNA, RNA, 단백질 등을 손상해 세포를 죽일 수 있는 활성산소가 생성되게 유도하지요. 이때 만들어진 활성산소는 세포막을 파괴하고, 유전물질 등을 망가뜨려 다양한 질병을 유발하거나 노화를 촉진합니다. 초미세먼지보다 입자가 작아서, 기도로 들어가 염증을 유발하며 기관지가 좁아지는 천식이나 아토피 같은 알레르기 질환을 악화시키기도 해요. 그리고 담배와 비슷하게 기도 벽을 두껍게 해 기도를 좁게 만들거나, 폐포(허파꽈리)에 침투해 세포를 파괴하면서 만성폐쇄성 폐 질환을 일으킵니다. 장기간 노출되면 체내에 축적되어 암 발생률을 높입니다.

대한폐암학회의 발표 자료를 보면 폐암 환자 중 비흡연자가 약 3분의 1을 차지하는데, 이중 비흡연자인 여성 폐암 환자의 비율이 약 90%에 해당한다고 합니다. 이런 연구 결과를 살펴보아도 조리흄이 여성 폐 질환과 폐암 발생에 영향을 미치고 있다는 사실을 부정하긴 힘들 것 같습니다.

이러한 조리흄을 줄이는 방법은 없을까요? 우선 환기가 가장 중요합니다. 주방에 연기를 흡입하는 후드 등이 설치되어 있더라도 창문을 주기적으로 열어 환기해야 조리흄이 주방에 머무는 시간을 줄일 수 있습니다. 그리고 뚜껑이 있는 조리 기구를 사용하고, 볶음 요리 등은 발연점(기름을 가열할 때 연기가 발생하기 시작하는 온도)이 높은 식물성 기름을 사용하는 게 좋습니다. 오븐이나 에어프라이어 같은 기름을 사용하지 않는 조리 기구를 사용하는 것도 도움이 됩니다. 환기가 어렵다면 흡입을 막기 위해 마스크를 활용하는 것도 좋은 방법입니다.

식탁과 주방에서 발생하는 유해 화학 물질에 관해 알아보았어요. 어때요? 알게 모르게 우리 주변에 스며들어 있는 화학! 아는 만큼 보이지요. 벤조피렌과 조리흄! 이제 생활 전반에서 발생을 원천적으로 막는 것은 거의 불가능에 가까워요. 하지만 유해 화학 물질의 피해를 줄이기 위한 시도와 노력은 해야 하지 않을까요? 우리 가족의 건강을 위해서 지금 당장 실천해요.

주방의 살림꾼 발효, 산소랑 친하니 안 친하니?

"이게 뭐야! 냉장고에서 왜 퀴퀴한 냄새가 진동하지?" 하루에도 수십 번 여닫는 냉장고를 한번 살펴볼게요. 우리는 다양한 식재료와 음식물을 용기나 비닐봉지에 담아 냉장고에 보관합니다. 그런데 오랜 시간 음식물을 보관하다 보면 **발효** 또는 **부패**라는 두 가지 화학반응이 나타납니다. 발효가 일어나면 맛과 영양까지 좋아지는 이점이 있어요. 하지만 같은 음식이라도 썩어서 부패가 일어나면 지독한 냄새와 유해 물질을 만들어내요. 예를 들면 치즈는 우유를 발효시켜서 만든 것이고, 겨울이면 가족들이 오손도손 모여 돼지고기 수육과 함께 먹는 김치도 발효한 음식이지요. 하지만 먹고 남은 찌개나 고기, 다양한 나물은 너무 오랫동안 보관하면 부패가 일어나서 쓰레기가 되고 맙니다. 건강에 유익한 발효와 쓰레기로 버려지는 부패는 어떠한 화학적 원리에 의해 일어나는 걸까요?

세상에 존재하는 생물 대부분은 탄수화물(포도당)과 같은 유기물을 먹으면 산소 호흡을 통해 이산화탄소와 물로 분해하고 에너지를 얻어 생명 활동을 합니다. 이를 **호기성**이라고 하지요. 하지만 산소를 싫어해 무산소 호흡을 하는 생물들은 유기물을 완벽히 분해하지 못해요. **혐기성**이라고 하지요. 적은 양의 에너지와 다른 유기물이나 암모니아, 황화수소 등의 유해 물질을 만들어내기도 해요.

발효와 부패는 모두 미생물에 의해 유기물질이 분해되는 현상이에요. 화학적으로 동일한 과정에 의해 일어나는 현상이지만 정확히 구분할 필요가 있습니다. 유기물을 분해한 결과 우리 몸에 유익한 물질이 만들어지면 발효라 하지만, 악취와 식중독을 일으킬 수 있는 해로운 물질이 만들어지면 부패라 부르죠.

우리 식탁에는 장류부터 시작해서 다양한 발효식품이 올라와요!

    세상에 존재하는 모든 유기 화합물은 아무 처리 없이 자연 상태에 그대로 놓여 있으면 자연스레 부패가 일어납니다. 하지만 특정한 조건과 환경에서는 부패 대신 발효가 일어나요. 예를 들어 배추를 그냥 방치하면 시간이 지나면서 썩지만, 소금물에 절이고 양념을 첨가한 후 적당한 온도에서 보관하면 다양한 미생물이 재료 속 당분을 분해하기 시작해요. 이때 발생하는 이산화탄소가 겹겹이 쌓인 배춧속 공기를 밖으로 밀어내는 과정에서, 산소를 싫

주방에 숨겨진 화학 이야기

어하고 우리 몸에는 유익한 유산균(젖산균)들이 번식하기 시작합니다. 유산균은 당을 젖산으로 분해하면서 유산을 만들죠. 이러한 발효를 **젖산발효**라고 합니다. 이때 유산균이 부패균의 생성을 막아줘 아삭하고 감칠맛 나는 김치를 오랫동안 보관하며 먹을 수 있게 되는 거예요.

효모라고 들어보았나요? 생물학적으로 활성을 갖춘 단세포 미생물이에요. 화학반응을 가속하는 역할을 하면서, 산소가 없거나 부족한 상태에서 포도당($C_6H_{12}O_6$)을 분해해 에탄올(C_2H_5OH)과 이산화탄소(CO_2)를 생산하는 멋진 능력이 있는 친구예요.

$$C_6H_{12}O_6 \rightarrow 2C_2H_5OH + 2CO_2 + 2ATP$$

이렇게 일어난 발효를 **알코올 발효**라고 해요. 이때 생성된 에탄

효모는 식품 발효 과정에 포도당을 분해해 에탄올과 이산화탄소를 만들어요.

올은 어른들이 마시는 술을 만들 때 활용됩니다. 빵을 만들 때도 사용해요. 발효 과정에서 생기는 이산화탄소가 밀가루 반죽 사이에 공기층을 형성해서 빵을 폭신하게 부풀립니다. 막걸리나 포도주 같은 알코올성 음료를 오랜 시간 방치하면 새콤해질 때가 있어요. 왜냐구요? 알코올 발효 후에도 산소가 충분히 공급되면 알코올이 완전히 분해되면서 아세트산(CH_3COOH)이 만들어져서 그래요. 이때 생성된 아세트산은 식초의 주성분입니다.

$$C_2H_5OH + O_2 \rightarrow CH_3COOH + H_2O + 8ATP$$

막걸리나 맥주, 빵과 같은 효모에 의한 알코올 발효, 김치와 치즈, 요구르트처럼 젖산균에 의해 일어나는 젖산발효 등은 유기물질이 변해 나타난 현상이지만 부패처럼 '음식이 상했다, 썩었다'라고 표현하지 않아요. 왜냐하면 우리에게 이로움을 가져다주는 화학 변화이기 때문이에요.

발효는 온도와 시간이 중요해요. 물질마다 발효되는 온도가 달라 잘 따져서 지켜줘야 해요. 발효 시간이 길어지거나 온도가 알맞지 않으면 오히려 부패합니다. 우리 선조들이 만든 된장(메주)과 김치 등의 발효 음식은 삶의 지혜와 정성뿐 아니라 과학 원리도 숨어 있는 결과물이에요!

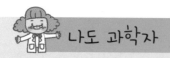

나도 과학자

활동 1 우리 집 주방에는 어떤 화학 물질이 있을까?

준비물　각자 주방 사진

❶ 부엌 또는 주방 전체가 보이도록 사진을 찍습니다.

❷ 사진 속 배경과 주방기구 외 물건들을 보면서 어떤 화학 물질이 숨어 있는지 노트에 적습니다.

❸ 친구들은 어떤 물질을 적었는지 서로 이야기하고, 이런 화학 물질이 인체에 미치는 영향에 관해 알아봅니다.

환기를 제대로 하지 않으면 음식 냄새만 나는 게 아니에요. 주방에는 집 안 곳곳을 떠돌아다니면서 가족의 건강에 해로운 영향을 미치는 화학 물질들이 있습니다. 친구들과 이야기 나눈 것 외에 어떤 물질들이 더 있을까요? 가족의 건강을 위해 직접 한번 찾아보세요.

활동 2 **발효 요거트 만들기**

준비물 우유 1L, 시중에 판매하는 요거트(발효용), 유리그릇, 전자레인지

❶ 유리그릇에 판매하는 요거트를 붓고, 우유를 넣으며 잘 섞이도록 숟가락으로 젓습니다.

❷ ❶의 혼합액을 전자레인지에 넣고 2분 정도 가열한 다음 1분 정도 식혔다가 1분 더 가열합니다.

❸ 유리그릇의 뚜껑을 닫고, 열기가 남아 있는 전자레인지에 7~8시간 정도 두어 발효시킵니다.

❹ 발효가 끝나면, 만들어진 요거트를 냉장실에 몇 시간 두었다가 꺼내 숟가락으로 떠봅니다.

잘 엉겨 붙어 있나요? 전자레인지를 이용해 새콤달콤한 요거트 만들기 참 쉽네요. 이제 원하는 시리얼이나 과일, 견과류 등을 넣어 가족들과 즐겨보세요. 면포에 담아 냉장고에 하루 정도 두면 유청이 빠지면서 조금 꾸덕한 요거트를 만들 수도 있어요. 대표적인 발효식품인 요거트를 집에서 직접 만들어 다양한 시리얼과 함께 맛보세요.

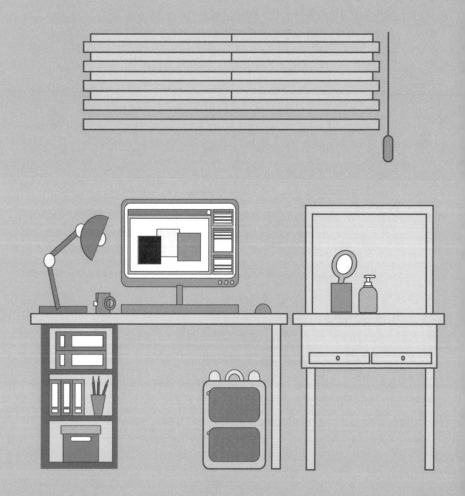

3

방구석에 숨겨진 화학 이야기

머리카락에 화학을 묻히면?

"엄마! 오늘따라 머리카락 컬이 장난 아닌데! 색도 자연스러운 걸, 예쁘네! 머리카락에 뭘 한 거야?" 우아한 웨이브와 아름다운 갈색까지. 헤어숍 원장님은 엄마 머리카락에 무슨 마술을 부린 걸까요? 머리카락에서 벌어진 화학 파티로 여러분을 초대합니다!

머리카락을 곱슬곱슬하게 하거나 펴는 걸 파마라고들 하지요. 원리는 머리카락의 단백질 결합을 분해했다가 원하는 머리 모양을 만든 후 다시 결합시키는 거예요. 여기에 숨은 화학적 원리를 이해하기 위해서는 먼저 **산화·환원반응**을 알아야 합니다. 어떤 물질이 산소와 결합하거나, 전자나 수소를 잃는 과정을 **산화**라고 합니다. 반대로 산소를 잃거나, 전자나 수소를 얻는 과정을 **환원**이라고 해요. 그리고 자신은 환원되면서 상대 물질을 산화시킬 수 있는 물질을 **산화제**, 반대로 자신은 산화되면서 상대 물질을 환원

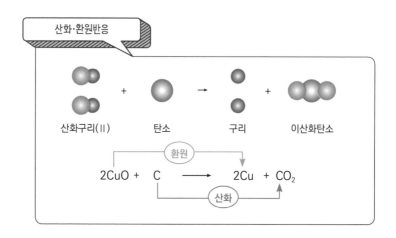

산화·환원반응

산화구리(II)   탄소   →   구리   +   이산화탄소

$$2CuO + C \longrightarrow 2Cu + CO_2$$

환원

산화

시킬 수 있는 물질을 **환원제**라고 합니다. 산화와 환원은 내가 주인공이고, 산화제와 환원제는 상대 물질이 주인공인 셈입니다.

위의 화학반응식에서 산화제와 환원제를 한번 찾아봅시다. 산화구리는 탄소를 만나 구리로 환원되었고, 탄소는 산소를 얻어 이산화탄소로 산화되었습니다. 여기서 산화구리는 탄소를 산화시키는 산화제로, 탄소는 산화구리를 환원시키는 환원제로 작용했습니다.

자, 이제 이 산화·환원반응을 활용해서 본격적으로 파마의 원리를 파헤쳐 보겠습니다. 단백질의 기본 단위는 아미노산으로 20여 종이 존재합니다. 이 아미노산이 어떤 순서로 연결되어 있는지에 따라 단백질 구조와 종류가 달라지지요.

머리카락은 케라틴이라는 단백질로 만들어졌는데, 여기에는 황 (S) 성분이 들어 있습니다. 머리카락을 태우면 오징어 타는 냄새가 나는데 황이 타는 냄새라고 할 수 있어요. 이 케라틴에는 시스틴 결합이 포함되어 있습니다. 서로 다른 시스틴 사이에서 황 원자와 황 원자가 '-S-S-'의 다리 구조로 단단하게 연결되어 있어서 모발이 잘 끊어지지 않습니다. 파마는 화학반응으로 이 구조를 변형시키는 겁니다. 화학적으로 파마약은 환원제, 중화제는 산화제 역할을 맡고 있어요. 먼저 파마약(환원제)이 머리카락의 주성분인 케라틴 단백질에 수소를 공급합니다. 그러면 황 원자와 황 원자 사이의 결합이 끊어지지요. 머리카락은 단백질 구조가 느슨해지

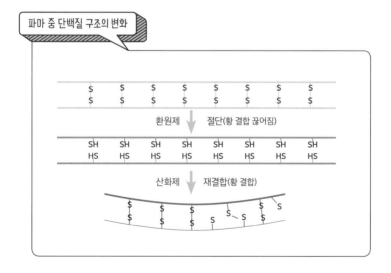

파마 중 단백질 구조의 변화

면서 탄력성을 잃게 돼요. 이때 우리가 원하는 모양의 틀에 머리카락을 돌돌 말아서 모양을 변형시킵니다. 그러고 난 후 중화제(산화제)를 사용해 파마약이 공급했던 수소를 빼앗습니다. 그 결과 새롭게 비틀린 상태에서 다른 시스틴과 '-S-S-'의 형태로 다리 결합이 형성되면서 머리카락이 고정되어 형태를 유지할 수 있게 되는 거죠. 파마할 때 모자 같은 것을 덮어쓰고 열을 쬐는 것을 본 적이 있죠? 이는 열을 가하면 단백질 구조가 더 빨리 더 많이 변화되기 때문이에요.

여기서 한 가지 더! 파마에는 또 다른 화학반응이 숨어 있어요. 바로 **중화반응**이에요. 중화반응은 산과 염기가 반응하여 물과 염을 생성하는 반응이에요. 건강한 머리카락은 pH가 4.5~5.5 정도로 약산성을 띠어요. 하지만 파마약 속 알칼리 성분에 의해 머리카락이 알칼리성으로 변하는데 중화제를 사용해 다시 pH를 조절하는 거죠.

파마를 한 다음 머리카락 냄새를 맡으면 지독한 냄새가 나죠? 여전히 머리카락에 남아 있는 알칼리성 물질(암모니아) 때문이에요. 이 알칼리성 물질은 물에 닿으면 수산화이온(OH^-)을 발생시켜서 머리카락 내부의 결합을 다시 무너뜨려 컬의 모양을 흐트러지게 합니다. 그래서 모양을 오래 유지하려면 알칼리성 물질이 모두 날아갈 때까지 기다린 후 머리를 감아야 합니다. 비가 오는 날에는 공기 중에 수분이 많으니 파마는 하지 않는 게 좋겠네요.

이제는 염색의 원리를 파헤쳐 볼게요. 염색은 머리카락에 색을 입히는 과정인데 의외로 간단한 화학적 원리가 숨어 있어요.

머리카락을 현미경으로 자세히 들여다 보면 마치 물고기의 비늘처럼 보입니다. 안쪽은 여러 겹의 껍질이 말린 형태로 이루어져 있어요.

머리카락을 확대해서 본 큐티클

염색약은 보통 두 가지 물질을 섞어 만듭니다. 하나는 암모니아에 원하는 색의 염료(디아민계 화합물)를 혼합한 것이고, 나머지 하나는 과산화수소입니다. 암모니아는 분자의 크기가 작아서 단백질 깊숙이 침투해 머리카락의 큐티클을 느슨하게 부풀게 합니다. 그러면 겉의 비늘과 안쪽 여러 겹의 껍질들이 들뜨게 됩니다. 이 틈으로 염료와 과산화수소가 스며들어 멜라닌 색소를 파괴하고, 머리카락을 하얗게 탈색시킵니다. 이후 탈색된 자리에 색을 내는 염료가 매워지는 화학반응이 끝나면 머리카락 색이 새로운 색깔로 변합니다.

염색 후 시간이 좀 지나 머리를 감는 것은 멜라닌이 탈색된 자리에 들어간 염료가 제자리를 잡을 충분한 시간을 주기 위해서입니다. 케라틴 단백질 속에 새롭게 자리 잡은 염료 분자는 화학반

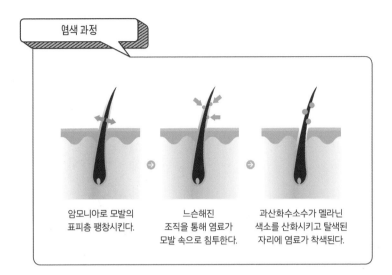

암모니아로 모발의
표피층 팽창시킨다.

느슨해진
조직을 통해 염료가
모발 속으로 침투한다.

과산화수소수가 멜라닌
색소를 산화시키고 탈색된
자리에 염료가 착색된다.

응에 의해 크기가 커져, 머리카락 밖으로 빠져나오기 어렵게 변해요. 이 때문에 여러 번 머리를 감아도 염료가 씻겨 나오지 않죠. 머리카락을 자르지 않는 한 염색이 계속 유지될 수 있습니다. 자신이 원하는 색을 내기 위해서는 적절한 시간뿐 아니라 적당한 열과 pH 조절 등 다양한 변수 조절이 필요해요. 생각보다 염색은 쉬운 과정만은 아닙니다.

염색과 파마는 동시에 하지 않는 것이 좋아요. 당연히 두피에도 좋지 않지만, 염색은 산화제를 사용하는 반면 파마는 환원제를 사용하기 때문입니다. 산화·환원반응으로 인해 효과가 덜 할 수 있거든요!

이처럼 멋과 아름다움을 뽐낼 수 있는 파마와 염색에 산화·환원반응, 중화반응까지 화학 원리가 숨어 있네요. 실생활에서 쉽게 찾아볼 수 있는 현상들이 화학적 원리를 기반으로 이루어져 있다는 것이 놀랍지 않나요? 어찌 보면 우리가 자주 이용하는 헤어숍은 머리카락을 실험 재료로 다양한 화학 변화를 보여주는 환상적인 실험실이자 꿈 공작소가 아닐까요?

매일 화학을 바른다고요?

"샤워 다하고, 얼굴과 몸에 로션은 발랐어요? 제발 좀 바르고 다니세요!" 제가 샤워 후 항상 듣는 소리예요. '굳이 왜 그래야만 할까? 안 발라도 아무런 문제가 없는 것 같은데…' 매번 혼자 하는 생각이죠. 다른 이유보다는 귀찮아서 그런 것 같아요.

> 피부 보호를 위해 매일 바르는 로션과 핸드크림에도 화학 원리가 숨어 있어요!

얼굴에는 스킨과 로션, 몸에는 바디로션, 손에는 핸드크림 등 왜 우리는 끊임없이 무엇인가를 피부에 바르고 있을까요? 촉촉하고 매끄러운 피부를 유지하기 위해 사실은 화학을 바르고 있다는 걸 알고 있나요?

눈을 크게 뜨고 우리 몸을 한번 둘러볼까요? 심장이나 간, 신장 같은 속 기관들이 아닌 우리 몸 모든 곳을 빼곡히 둘러싸고 있는 피부가 보이지요. 피부는 우리 몸의 가장 바깥쪽에서 외부 환경에 맞서 신체를 보호하기 위해 최선을 다하고 있어요. 일반적으로 몸무게의 약 15%를 차지할 정도로 신체의 가장 큰 기관이라 할 수 있습니다. 햇볕이 내리쬐는 한낮에는 해로운 자외선을 차단하고, 바깥 활동을 하면서 묻는 여러 세균의 침입을 막습니다. 더울 때는 땀을 흘려 체온도 조절하고 체내 수분을 일정하게 유지하는 등 외부 자극으로부터 신체의 항상성을 유지합니다.

건강한 피부는 수분과 유분이 균형을 이루어 윤기가 흐르고 촉촉해 건강을 알 수 있는 지표가 되기도 해요. 그러기 위해서는 일정한 pH 상태를 유지해야 합니다. 피부의 pH는 성별, 인종별, 나이, 계절, 측정 부위 등 다양한 요인에 따라 수치가 달라질 수 있습니다. 예를 들어 바깥 피부(표피)는 안쪽 피부(진피)보다 pH가 낮아요.

그런데 나이가 들수록 pH가 높아져서 피부의 유연성과 탄력성

요즘 청소년을 위한 화학의 쓸모

이 떨어집니다. 쉽게 상처가 생기고 아무는 속도도 느려지지요. 그리고 낮보다는 밤에, 기온이 낮아질수록 pH는 높아집니다. 여성은 특히 월경 전후로는 피부 pH가 낮아지는데 이는 여성호르몬 중 에스트로겐은 줄어들고 프로게스테론은 증가하면서 피지 분비가 많아지기 때문이에요. 다양한 변수에 의해 피부의 pH가 변한다는 것이 신기하네요.

보통 건강한 피부의 pH는 5.5 정도의 약산성이에요. 피부가 약산성인 이유는 피지선과 땀샘에서 나오는 다양한 분비물(젖산, 아미노산 등) 때문이에요. 이러한 물질들은 피부 표면에 천연 보호막이라 할 수 있는 얇은 산성 막을 형성해서 각종 세균과 유해 환경으로부터 피부를 보호합니다. 하지만 피지 분비가 많아지고 유분이 증가해 산성에 가까워지면 피부가 번들거립니다. 반대로 알칼

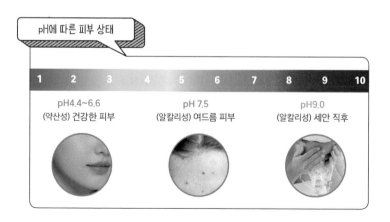

pH에 따른 피부 상태

| 1 | 2 | 3 | 4 | 5 | 6 | 7 | 8 | 9 | 10 |

pH4.4~6.6
(약산성) 건강한 피부

pH 7.5
(알칼리성) 여드름 피부

pH9.0
(알칼리성) 세안 직후

리성에 가까워지면 피부가 건조해져 각질이 잘 일어나게 되고요. 일반적으로 비누는 알칼리성이라서 피부의 각질을 녹여 제거한 다는 장점이 있지만, 세안 후 피부의 pH를 평소보다 높이기도 합 니다. 하지만 걱정할 필요는 없어요. 피부 표면의 다양한 천연 보 습 성분이 피부의 pH를 재빨리 원래대로 되돌리는 시스템을 가동 하니까요. 그래도 자극이 지속되면 보호막이 뚫리면서 회복하는 데 시간이 오래 걸리거나, 피부염이 발생할 수 있어요.

여기서 잠깐, 혹시 눈치채셨나요? 우리가 로션을 바르는 이유 말이에요. 맞아요! 피부의 보호막을 유지해 회복 시스템을 제대로 가동하기 위해서에요. 보습제의 가장 중요한 역할은 피부에 수분 을 공급하는 거지요. 수분은 쉽게 공기 중으로 증발하기 때문에 수분 증발을 막는 것도 보습제의 기능입니다. 피부는 스스로 수 분을 공급하고 유지하는 능력이 있어요. 왜냐구요? 피부 표면에 는 다양한 천연 보습 성분이 존재하니까요. 하지만 겨울철에 난방 을 켜놓은 실내에 오래 머물면 어떤가요? 피부가 쉽게 건조해지고 당기는 느낌이 들죠? 이러한 자극이 계속되면 피부의 pH나 수분 균형이 무너져 피부 노화를 앞당길 수 있어요. 그래서 틈틈이 피 부 보습에 신경을 써야 합니다.

보습제에는 다양한 성분이 함유되어 있어요. 대표적인 성분은 체내에 존재하는 천연 보습 성분 중 하나인 **글리세린**입니다. 글리세린($C_3H_8O_3$)은 산소 원자와 수소 원자가 하나씩 결합된 하이드록시기 (-OH)를 갖고 있는데, 물과 엄청나게 친한 성질(친수성)이 있어요. 그것도 세 개나 있어서 수분을 끌어당기는 성질이 매우 큽니다. 수분 증발을 막고, 피부 보습 능력을 유지할 수 있게

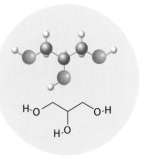

글리세린의 화학 구조

돕지요. 이런 글리세린은 보습제의 기초 성분으로 활용되고 있어요. 우리가 매일 사용하는 로션에도 화학이 숨어 있네요.

나노와 함께 아름다움을!

로션 말고도 화장품에 숨어 있는 화학이 더 궁금해지지 않나요? 몇 가지만 더 알아볼게요. 화장대에서 아무 화장품이나 골라 뒷면을 살펴보세요. 아마 자그마한 글씨로 **전성분**이 적혀 있을 거예요. 도무지 알 수 없는 길고 복잡한 많은 성분명이 적혀 있죠.

화장품 한 가지에도 최소 다섯 가지 이상의 성분이 들어 있습니다. 일반적으로는 함유량이 가장 높은 성분을 맨 앞에 표기합니다. 자! 전성분이 적힌 화장품을 모아 맨 앞에 나와 있는 성분을 한번 살펴보세요. 정제수가 제일 많이 보일 거예요. 정제수는 말 그대로 세균이나 금속 성분 등의 불순물을 제거한 깨끗한 물

화장품의 전성분 표시

이에요. 대부분 화장품에 활용되는 필수 요소입니다. 그냥 수돗물 같은 일반적인 물을 사용한다면 어떻게 될까요? 물에 녹아 있는 다양한 성분의 영향으로 화장품이 오염되거나 산화작용 등이 일어나 변질될 우려가 있어요. '정제한 물이라면 그냥 물처럼 마셔도 괜찮지 않을까?'라는 생각이 들겠지만 부디 화장품에 양보하고, 마시는 것은 참아주세요. 우리가 평소 마시는 물에는 우리 몸에 필요한 다양한 미네랄이 포함되어 있지만, 정제수는 겉모습만 투명한 물과 같은 액체일 뿐 아무것도 포함되어 있지 않습니다. 체액과 잘 화합되지 않아 장 점막에 부담을 주어 염증이나 출혈 등을 일으킬 수도 있어요.

음식을 오랫동안 보존하기 위해 방부제를 첨가하듯이 화장품에도 방부제와 같은 보존제들을 넣어요. 대표적인 보존제로 **파라벤**이 있습니다. 얼굴에 바르는 방부제라고 할 수 있겠네요. 왠지 방부제라면 해로울 것 같은데 얼굴에 바른다고요? 생각만 해도 거부감이 드는 것은 어쩔 수 없지만, 막연한 걱정과 거부감을 가질 필요는 없습니다.

보존제의 첫 번째 조건은 인체
안전성 보장입니다. 에스트로젠
과 유사한 구조를 가진 파라벤은
피부를 통해 흡수되어 축적되면,
호르몬 분비 등 내분비계에 영향을 줄
수 있다는 우려가 제기되고 있기는 해

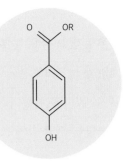

파라벤의 화학 구조

요. 하지만 아직은 과학적 근거가 분명하지 않아서 유럽연합(EU)
과 미국식품의약국(FDA) 등에서는 안전한 방부제로 봅니다. 지속
적인 안전성 평가와 규제를 통해 지켜보고 있습니다. 일상생활에
서 사용되는 정도의 적은 양으로는 안전성에 크게 문제가 되지 않
을지 모르지만, 오랜 시간 노출되거나 무분별한 사용은 부작용을
불러일으킬 수도 있다는 것은 꼭 기억하세요.

화장품 속 보존제는 미생물의 세포막을 파괴하고, 세포 내 단
백질을 변성시켜 성장을 억제하는 데 탁월한 효과가 있어요. 특히
파라벤은 pH 3.5~6.5 사이에서 곰팡이에 효과적이고, 페녹시에
탄올은 pH 3.5~10 사이에서 세균에 효과적이지요. 따라서 보존
제를 한 종류만 사용하면 효과가 제한적이라서 보통 여러 개를
혼합해서 부족한 부분을 보완해요. 예를 들어 파라벤과 페녹시
에탄올을 혼합해 사용하면 세균과 곰팡이 모두에 효과가 있어요.

pH 3.5~10까지 넓은 범위에 걸쳐 효과를 볼 수 있지요.

우리가 늘 바르는 화장품은 정말 피부에 잘 흡수되어 기대한 효과를 낼까요? 연구 결과에 따르면 화장품을 구성하는 주요 성분은 대부분 피부의 각질층을 통과하지 못한다고 해요. 피부의 각질층은 여러 층의 각질 세포들이 세포 간 지질에 의해 벽돌처럼 쌓여 있는 구조를 형성하고 있어요. 그리고 각질 세포는 단백질과 수분으로, 그리고 지질은 유분으로 이루어져 있죠. 이러한 각질층의 특수한 구조는 유해 물질을 외부로부터 차단하고, 수분 증발을 방지하는 데 효과적이죠.

화장품의 흡수를 한번 살펴볼게요. 수용성 화장품을 피부에 바른다는 것은 각질층에 화장품을 바르는 거예요. 각질층은 수분이 포함되어 있어 수용성인 화장품은 흡수가 잘 됩니다. 그러나 지용성인 지질을 만나면 물과 기름이 섞이지 않듯이 흡수가 어렵습니다. 이러한 문제로 실제로는 피부 깊숙이 침투해 100% 효과를 내는 화장품은 많지 않아요. 그래서 화학자들은 또 고민에 빠지게 되었죠. '어떻게 하면 이러한 문제점을 개선해서 피부 흡수율이 높은 화장품을 만들 수 있을까?' 그래서 연구 개발되고 있는 것이 나노미터(nm, 10억분의 1m) 입자 크기 물질을 함유한 화장품이에요.

나노 물질은 크기가 피부 세포의 간격보다 작아서 피부 흡수율

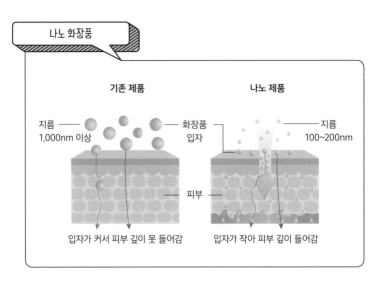

나노 화장품

| 기존 제품 | 나노 제품 |

지름
1,000nm 이상

화장품
입자

지름
100~200nm

피부

입자가 커서 피부 깊이 못 들어감

입자가 작아 피부 깊이 들어감

을 높일 수 있습니다. 입자가 작은 나노 구조체가 화장품의 성분 물질을 세포 속으로 전달하는 역할을 하는 거죠. 앞으로 특정 부위에 성분 물질을 정확하게 전달할 수 있는 기술까지 더해진다면, 지금까지 없던 고기능성 화장품이 탄생할 거예요. 미백과 주름 개선, 노화 방지까지 더 획기적인 기술이 접목된 화장품을 개발하기 위해 화장품 공학이 주목받고 있습니다. 아름다움을 위해 단순히 '바른다'에서 기능과 효능까지 고려해 사용하는 화장품. 화장품도 결국은 화학 물질의 집합체라고 볼 수 있네요.

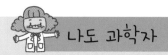

활동1 내 손으로 직접 만드는 화장수

준비물   시중에 판매하는 정제수, 레몬 2개, 베이킹소다, 글리세린,
소독한 유리병, 칼, 수저

❶ 베이킹소다로 레몬을 깨끗이 씻은 후 물기를 제거합니다.

❷ 레몬을 썰어 씨를 제거합니다.

❸ 끓인 정제수에 레몬을 넣어 레몬 우린 물을 만듭니다.

❹ ❸을 식힌 다음, 글리세린을 2수저(약 5ml) 넣고 수저로 저어가며 섞습니다.(보습력을 위해 글리세린을 첨가합니다.)

❺ 소독해서 준비한 용기에 담아 냉장고에서 2~3일 숙성시키면 나만의 레몬 화장수가 완성됩니다.

⋯⋯⋯⋯⋯⋯⋯⋯⋯⋯⋯⋯⋯⋯⋯⋯⋯⋯⋯⋯⋯⋯⋯⋯⋯⋯⋯⋯⋯⋯⋯⋯⋯

건강한 피부의 pH는 약 5.5를 나타냅니다. 염기성 물질인 비누를 사용해 세안한 후, 산성 물질인 레몬으로 만든 화장수를 바르면 피부의 pH 균형을 빨리 회복하는 데 도움이 됩니다. 방부제가 없는 천연 제품이라 오래 두고 쓰지는 마세요.

활동 2 **비밀편지의 내용을 확인하라!**

준비물   포비돈, 비타민C, 컵, 붓, 물, A4 용지, 플라스틱 용기

❶ 물에 비타민C를 넣어 비타민C 용액을 만듭니다. 이때 비타민C의 함량이 높을수록 좋습니다.

❷ 면봉에 비타민C 용액을 묻혀서 준비한 종이에 글씨를 쓴 다음 잘 마를 때까지 기다립니다.

❸ 플라스틱 용기(음식을 시켜 먹고, 버려지는 플라스틱 용기를 씻어서 재사용)에 포비돈 용액을 따릅니다.

❹ 붓에 포비돈 용액을 묻혀 ❷의 종이에 칠하면, 짜잔! 글씨가 나타납니다.

포비돈 속에 분자 상태로 들어 있는 아이오딘은 적갈색을 띱니다. 하지만 환원된 아이오딘이온은 무색입니다. 포비돈에 비타민C를 넣으면 비타민C에 의해 아이오딘 분자가 환원되어 아이오딘이온으로 변해 색이 변하면서 글씨가 나타납니다. 부모님과 친구에게 그동안 표현하지 못했던 마음을 비밀편지로 전해 보는 건 어떨까요?

쓸모 2

학교에 스며 있는
화학 이야기

왜 화학을 배워야 할까요? 어떤 쓸모가 있을까요?
화학은 간단한 이론을 응용해
우리 삶을 윤택하게 만드는 흥미로운 과학입니다.
교과서 속 내용과 실생활을 연계해 화학의 쓸모를 소개합니다.

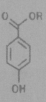

1

물에 녹아 있는 화학 이야기

꿀물에도 화학이? 용해와 수화 현상!

"에이- 취!" 감기에 심하게 걸렸어요. 따뜻한 꿀물 한 잔 마시면 아픈 목이 좀 나아질 거 같습니다. 잠시만요! 여기서 꿀물 한 잔에도 화학이 녹아 있다는 것을 알고 있나요?

물질이 물에 녹는 걸 소금물로 알아볼게요. 소금물을 설명할 때 우리는 소금이 물에 녹아 있다고 말해요. 이를 화학에서는 '소금이 물에 용해되었다'라고 표현하지요. 여기서 **용해**란 무슨 뜻일까요? **용질**이 **용매**에 녹아 들어가는 현상을 용해라고 합니다.

용해가 일어나기 위해서는 용질과 용매 사이에 **상호작용**이 필요해요. 용질은 같은 용질끼리 끌어당기고, 용매도 같은 용매끼리 인력이 작용해요. 용질과 용질 사이의 힘, 용매와 용매 사이의 힘이 크다면, 과연 이 둘은 섞일 수 있을까요? 서로 떨어지지 않으려 하겠죠? 따라서 용해가 일어나기 위해서는 용질과 용매 사이의 힘

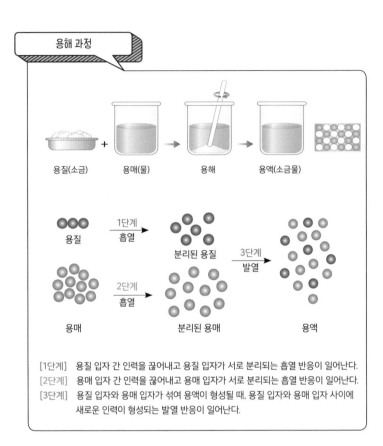

용해 과정

용질(소금) + 용매(물) → 용해 → 용액(소금물)

용질 → 1단계 흡열 → 분리된 용질
용매 → 2단계 흡열 → 분리된 용매
분리된 용질 + 분리된 용매 → 3단계 발열 → 용액

[1단계] 용질 입자 간 인력을 끊어내고 용질 입자가 서로 분리되는 흡열 반응이 일어난다.
[2단계] 용매 입자 간 인력을 끊어내고 용매 입자가 서로 분리되는 흡열 반응이 일어난다.
[3단계] 용질 입자와 용매 입자가 섞여 용액이 형성될 때, 용질 입자와 용매 입자 사이에
        새로운 인력이 형성되는 발열 반응이 일어난다.

이 더 커야 합니다. 이 과정에서 용질과 용매는 같은 입자 간 작용하는 인력을 끊어내기 위해 에너지를 흡수하고(흡열), 용질 입자와 용매 입자는 서로 혼합되어 새로운 인력을 형성하면서 에너지를 방출해(발열) 다시 안정 상태가 됩니다. 이러한 화학적 원리를 활용해서 다양한 용액을 만들어낼 수 있습니다.

공기도 질소, 산소, 아르곤, 이산화탄소, 수증기 등이 균일하게 혼합되어 있어서 용액이라고 할 수 있어요! 그러면 구름은 기체일까요? 용액일까요?

용액은 용매에 용질이 완전히 용해된 균일한 혼합물을 말해요. 이때 용매가 물이면 수용액이라고 합니다. 공기도 용액이라고 할 수 있을까요? 공기도 용액이라고 할 수 있어요. 공기는 78%가 질소이고, 나머지 22%는 산소·아르곤·이산화탄소·수증기 등이 균일하게 혼합되어 있습니다. 상태가 액체가 아닌 기체라는 것만 다르지 용액이라고 할 수 있습니다.

탄산음료도 용질인 이산화탄소를 포함한 액체 용액이라고 할 수 있어요. 고체와 액체가 섞여 있을 때는 용질과 용매를 구별하기 쉬워요. 당연히 녹는 고체가 용질, 녹이는 액체가 용매라고 구분할 수 있을 거예요. 하지만 액체와 액체, 기체와 기체가 혼합되어 있다면 우리는 용질과 용매를 어떻게 구분할까요? 한 가지만 기억하세요! 보통 양이 많은 것을 용매라 하고, 양이 적은 것은 용질이라고 합니다.

어른들이 마시는 술은 에탄올과 물로 구성되어 있어요. 두 가지 중 물의 양이 많습니다. 따라서 용매는 물, 용질은 에탄올입니다. 그래서 에탄올 수용액이라고 부릅니다.

우리가 평소 하는 말 중에는 화학적으로는 잘못된 표현이 있어요. 물에 설탕을 조금씩 넣어가면서 녹이다 보면, 어느 순간부터 설탕이 녹지 않고 알갱이가 가라앉는 것을 볼 수 있어요. 이때 우리는 "더 이상 설탕이 물에 녹지 않는다"라고 말해요. 하지만 이것은 틀린 표현이에요. 왜냐구요? 설탕은 여전히 녹고 있으니까요! 처음에는 용해되는 설탕 분자가 석출(액체 속에서 고체가 분리되어 생성)되는 설탕 분자보다 많지만, 시간이 지날수록 석출되는 설탕 분자가 더 많아집니다. 그리고 충분한 시간이 지나면 용해되는 설탕 분자 수와 석출되는 설탕 분자 수가 같아지는 **용해 평형**에 도달합니다. 이 상태에서는 용해와 석출의 속도가 같아서 겉보기에는 마치 설탕이 더 이상 녹지 않는 것처럼 보일 뿐이지 실제로는 계속해서 용해와 석출이 진행되고 있어요.

'흰색 가루인 소금을 투명한 물에 녹이면, 물의 색도 하얗게 보

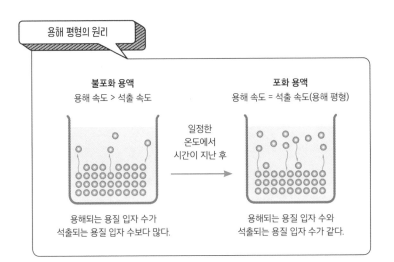

용해 평형의 원리

불포화 용액
용해 속도 > 석출 속도

일정한
온도에서
시간이 지난 후

포화 용액
용해 속도 = 석출 속도(용해 평형)

용해되는 용질 입자 수가
석출되는 용질 입자 수보다 많다.

용해되는 용질 입자 수와
석출되는 용질 입자 수가 같다.

여야 하지 않을까? 그런데 왜 소금물은 투명하게 보일까?' 혹시
이런 생각을 해본 적 없나요? 대체 소금은 어디로 사라진 걸까요?

지금부터는 소금을 염화나트륨(NaCl)이라고 부를게요. 염화나
트륨은 나트륨이온(Na+)과 염화이온(Cl-)이 정전기적 인력에 의해
결합한 **이온결합** 물질이에요. 그리고 물 분자는 수소와 산소 원자
로 구성되어 있지요. 이 두 원자의 **전기음성도**(전자를 끌어당기는
정도) 차이에 의해, 산소 원자는 **음전하**를 수소 원자는 **양전하**를
띠게 됩니다. 한 분자 내에 서로 다른 극을 가지게 되지요. 염화나
트륨이 물에 용해되면 나트륨이온과 염화이온으로 이온화가 일
어납니다. 이때 양이온인 나트륨이온 주변에는 물 분자 내에서 부

약간 음전하

δ-

물 분자(H₂O)

O

H   H

δ+   δ+

약간
양전하

공유결합에 쓰이는 전자는 전기 음성도가
큰 산소 원자에 끌려가 음전하를 띤다.

⊕ = Na⁺   ⊖ = Cl⁻

NaCl이 H₂O 속에서 용해되는 모습

분적인 음전하를 띠고 있는 산소 원자가, 음이온인 염화이온 주변에는 부분적인 양전하를 띠는 수소 원자가 달라붙습니다. 그리고 물 분자에 의해 둘러싸인 나트륨이온과 염화이온은 상호작용을 하면서 마치 하나의 분자처럼 움직이며 용액 속으로 고르게 분산됩니다. 이를 **수화**라고 합니다. 염화나트륨을 구성하는 이온들이 물 분자 속으로 숨어버리는 거죠. 그래서 우리가 볼 때는 여전히 투명하게 보이는 겁니다.

과연 이온결합 물질들만 수화 현상이 일어날까요? 설탕도 물에 녹지요? 식물에서 수크로스(sucrose)를 추출해 정제한 것이 설탕이에요. 수크로스는 물에 녹아 이온화되지 않고 분자 상태를 유지합니다. 그런데 강한 인력이 물 분자와 수크로스 분자 사이에

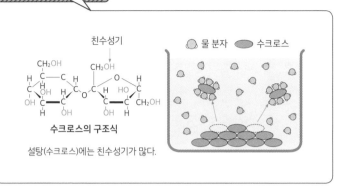

친수성기

물 분자   수크로스

CH₂OH ... CH₂OH

수크로스의 구조식

설탕(수크로스)에는 친수성기가 많다.

작용하면서 수크로스 분자 사이의 인력이 끊어집니다. 수크로스 분자는 친수성기인 하이드록시기(-OH)를 많이 가지고 있어서 떨어져 나온 수크로스 분자 주변으로 물 분자가 둘러싸며 수화 현상이 생깁니다.

어는점과 끓는점이 변한다고?

순수한 물의 어는점은 0℃, 끓는점은 100℃입니다. 하지만 어는점과 끓는점이 변한다면요? 어떻게 이런 일이 일어날 수 있는 걸까요? 이는 물질 사이에 작용하는 인력으로 설명할 수 있어요. 순수한 물과 소금물을 비교해 볼게요. 물질이 끓기 위해서는 액체의 내부와 표면 모두에서 **기화**가 일어나야 합니다. 순수한 물은 어떠

한 방해도 받지 않고 물 분자 사이의 인력만 끊어내면 수증기가
되어 공기 중으로 날아갈 수 있죠.

이번에는 소금물을 살펴볼게요. 소금물은 물에 소금이 용해되
어 있어요. 물 분자끼리의 인력과 물과 소금 사이의 인력, 이렇게
두 가지 인력이 생기지요. 그러니까 물 분자 사이의 결합과 물과
소금 사이의 결합까지도 끊어내야 수증기로 빠져나갈 수 있습니
다. 그러려면 더 많은 열에너지가 필요하지요. 결국 더 높은 온도
에서 끓을 수밖에 없습니다. 소금이 내부에서 물 분자들을 잡아
당기거나, 표면에 둥둥 떠다니면서 물의 기화를 방해하는 역할을
하기 때문이에요. 이러한 현상을 **끓는점 오름**이라고 합니다.

만약 라면을 끓일 때, 라면 스프를 먼저 넣으면 스프의 다양한

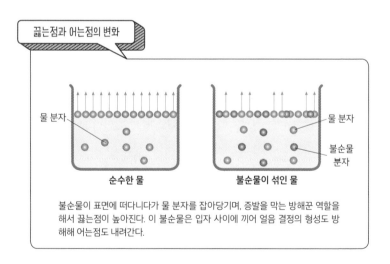

끓는점과 어는점의 변화

물 분자 / 순수한 물

물 분자 / 불순물 분자 / 불순물이 섞인 물

불순물이 표면에 떠다니다가 물 분자를 잡아당기며, 증발을 막는 방해꾼 역할을
해서 끓는점이 높아진다. 이 불순물은 입자 사이에 끼어 얼음 결정의 형성도 방
해해 어는점도 내려간다.

성분 입자가 물의 기화를 방해해 끓는점을 높일 수 있겠죠? 끓는점이 높아지면 면을 더 빨리 익힐 수 있지 않을까요? 하지만 조심하세요! 라면 국물의 온도는 물의 끓는점인 100℃보다 높아서 만약 엎지르게라도 된다면 화상의 위험도 더 커져요. 달걀을 삶을 때 소금을 조금 넣는 이유도 그냥 물보다 소금물의 끓는점이 높아 더 빨리 익힐 수 있기 때문이에요.

이번에는 반대로 어는점이 내려가는 상황을 살펴볼게요. 물은 얼음이 되면서 육각 결정 모양을 형성해요. 그런데 물에 또 다른 물질이 녹아 있으면 물 분자들 사이에 이 입자들이 끼어들어 얼음 결정의 형성을 방해합니다. 이 끼어든 입자들이 물 분자 사이에서 빠져나가야 얼음이 될 수 있는데 이 과정에서 많은 에너지가 들어 어는점이 낮아집니다. 이러한 현상을 **어는점 내림**이라고 합니다. 추운 겨울에도 바닷물이 잘 얼지 않은 이유는 바닷물 속에 녹아 있는 염분이 물이 어는 것을 방해하기 때문이죠.

혹시 제설제라고 들어본 적 있나요? 한겨울 눈 내린 도로에 제설제를 뿌리면 녹은 눈의 어는점을 낮춰서 도로의 결빙을 방지할 수 있습니다. 소금과 염화칼슘($CaCl_2$)은 모두 물이 어는 것을 방해하는 물질이에요. 제설제로는 보통 염화칼슘을 사용합니다.

염화칼슘은 스스로 수분을 흡수하는 **조해성**을 가지고 있는데 수분을 흡수하는 과정에서 열을 방출합니다. 소금($NaCl$)은 물에 녹아 나트륨이온 한 개와 염화이온 한 개로 이온화가 일어나지만, 염화칼슘은 칼슘이온(Ca^{2+}) 한 개와 염화이온 두 개를 생성해요. 이온의 개수(입자 수)가 많을수록 물 분자가 얼음이 되는 것을 더 방해해서 어는점이 낮아집니다.

하지만 이러한 제설제는 차량 부식과 토양 및 해양 생태계에 해로운 영향을 미치기도 해요. 염화이온이 토양에 축적되면 토양의 염도를 높여 식물의 생장을 저해합니다. 높은 염도는 식물 뿌리가 수분과 영양소를 흡수하는 걸 방해해 식물의 생장 저하로 이어지는 것이죠. 또 토양 미생물의 활동도 저하되어 토질도 나빠집니다. 해양으로 유입된 염화이온은 염분 농도를 높여 해양 생물의

삼투압 조절 능력을 방해합니다. 염도 변화에 민감한 생물종은 생존율이 떨어지지요. 해수의 화학적 균형을 교란해 조류 번성이나 산호의 백화 현상을 유발할 수도 있습니다. 결국에는 해양 생태계의 생물 다양성이 줄어드는 결과를 초래합니다.

왜 한겨울에도 호수 속은 꽁꽁 얼지 않을까?

매서운 칼바람이 부는 겨울이면 뉴스에 동파 예방 안내 방송이 나오고는 합니다. 수도관 동파를 방지하기 위해 보온이 가능하도록 헌 옷이나 이불 등을 채워 넣으라는 안내도 합니다. 이렇게 모두 꽁꽁 얼어붙는 겨울, 호수 속은 얼지 않고 수중 생태계를 유지할 수 있는 이유는 뭘까요?

우선 물의 독특한 특성부터 살펴보겠습니다. 불소(F), 산소(O), 질소(N)처럼 전기음성도가 큰 원자와 수소가 결합해 있는 물 분자 사이에는 **수소결합**으로 강한 인력이 작용합니다.

결합이라고 표현하지만, 실제로는 이온결합이나 **공유결합**과는 다르게 분자 사이에 작용하는 힘입니다. 수소결합은 분자 간 힘 중 가장 강합니다. 일반적으로 물질은 액체에서 고체로 변하면 부피가 감소합니다. 그래서 질량이 같다면, 물질의 단위 부피당 질량을 나타내는 **밀도**는 액체일 때보다 커집니다.

하지만 물은 특이하게 액체에서 고체로 변할 때 수소결합에 의

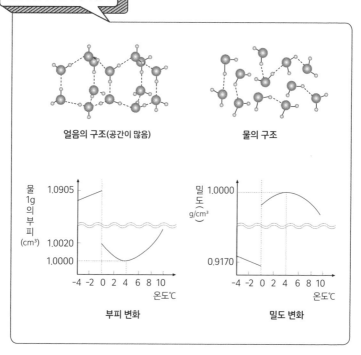

얼음의 구조(공간이 많음)

물의 구조

물 1g의 부피 (cm³)

밀도 (g/cm³)

부피 변화

밀도 변화

해 부피가 커집니다. 공간이 많은 육각형 구조를 형성하기 때문이에요. 그래서 추운 겨울 수도관이 동파되거나, 물을 가득 채운 유리병을 냉동실에 넣어두면 물이 얼면서 부피가 늘어나 유리병이 깨지기도 하는 겁니다. 물은 얼음이 되면 질량에는 변화가 없고 부피가 커지기 때문에 밀도는 작아지지요.

자! 지금부터 위의 그림과 그래프를 보면서 온도에 따른 얼음과 물의 부피와 밀도 변화를 설명해 보겠습니다. 겨울철 기온이 점차 낮아지면 호수의 표면 온도도 낮아질 겁니다. 그래프를 참고하면 호수 수면에 있는 물의 온도가 조금씩 낮아 4℃에 가까워질수록 호수 표면에 있는 물은 부피가 줄어듭니다. 그러면 밀도는 호수 속 물의 밀도보다 커지겠죠? 그래서 이때 밀도 차이에 의해 대류 현상이 일어나 수면의 물은 아래쪽으로, 호수 속 물은 위쪽으로 이동합니다.

이런 현상이 계속해서 반복되다가, 수면과 호수 속 물의 온도가 모두 4℃에 도달하면, 수면의 물 온도는 이제 4℃ 아래로 내려가게 돼요. 이때부터는 호수 표면 물의 부피가 다시 커지면서 호수 속 물보다 밀도가 작아집니다. 그러면 더 이상 대류 현상은 일어나지 않아요. 겨울철 호수가 수면부터 얼게 되는 원리입니다. 그리고 아무리 겨울이 춥더라도 이 얼음의 보온 기능 덕분에 내부는 얼지 않아 수중 생태계가 유지될 수 있습니다.

하지만 여러분, 만약 물의 밀도가 얼음의 밀도보다 작다면 어떤 일이 발생할까요? 그때는 얼음이 물에 가라앉고 호수가 모조리 얼어붙게 될 거예요. 더 이상 생명체가 살아갈 공간이 없어지는 참혹한 사태를 맞을 수도 있습니다.

활동 1   설탕과 소금의 용해도 대결!

준비물   물, 설탕, 소금, 투명한 컵 2개, 젓개

❶ 투명한 컵 두 개에 각각 물 100ml씩 담습니다.

❷ 설탕과 소금을 한 스푼(약 10g)씩 넣고 저으면서 변화를 관찰합니다.

❸ 용질이 모두 용해되면, 다시 ❷의 과정을 반복하면서 어느 쪽에서 용해되는 양이 많은지 비교합니다. 용해도 대결에서 승리자는 어느 쪽인가요?

❹ 이번에는 뜨거운 물을 준비해서 위와 같은 방법으로 설탕과 소금을 각각 녹입니다. 녹는 양은 어떤가요?

⋯⋯⋯⋯⋯⋯⋯⋯⋯⋯⋯⋯⋯⋯⋯⋯⋯⋯⋯⋯⋯⋯⋯⋯⋯⋯⋯⋯⋯⋯⋯

용매인 물의 양과 온도는 두 컵 모두 같게 합니다. 이를 실험에서는 변인 통제라고 합니다. 온도가 높을수록 더 많은 양이 녹습니다. 설탕과 소금은 분자 결합 방식의 차이 때문에 용해도가 다릅니다. 이 실험에서는 설탕이 승! 설탕 분자 사이의 인력은 소금 입자 사이의 인력보다 약합니다. 그래서 물 분자가 소금보다 설탕 분자의 결합을 좀 더 쉽게 떼어냅니다.

얼음은 왜 물 위에 뜰까?

준비물 얼음 조각, 물, 투명 유리컵

❶ 냉동실에서 조각 얼음을 꺼내 준비합니다.
❷ 투명 유리컵에 물을 2/3가량 붓고, 그 위에 얼음 조각을 넣습니다.
❸ 손가락으로 얼음을 아래로 꾹 눌렀다 뗀 후 얼음을 관찰합니다.

물 위로 얼음 일부가 떠 있는 모습을 관찰할 수 있습니다. 수면 위 얼음은 전체의 약 10%밖에 되지 않습니다. 90%는 물속에 잠겨 있습니다. 이러한 현상을 밀도와 부력으로 설명할 수 있습니다.

4℃에서 물의 밀도는 1g/cm³이고, 얼음의 밀도는 약 0.917g/cm³입니다. 얼음과 물의 이런 밀도 차이로 얼음은 물에 뜹니다. 그리고 얼음이 물에 떠 있을 때, 물에 잠긴 부분은 물의 부력을 받습니다. 부력이란 물체가 물속에 잠겨 있을 때, 중력의 반대 방향으로 물체를 밀어 올리는 힘입니다. 부력의 크기는 얼음이 밀어낸 물의 부피에 해당하는 물의 무게와 같습니다.

1,000g의 얼음을 물속에 넣는다고 가정한다면 얼음의 밀도는 0.917g/cm³이므로 얼음 1,000g 부피는 약 1,091cm³입니다.
물의 밀도가 1g/cm³이므로 1,000g의 얼음을
떠받치기 위해서는 1,000cm³의 물이 필요합니다. 그래서 얼음 1,091cm³ 부피 중 1,000cm³는 물속에 잠기고 나머지 91cm³는 물 밖으로 나옵니다. 따라서 전체 얼음 부피의 약 9.1%가 수면 위로 나오는데, 이를 일반적으로 약 10%로 봅니다.

2

교과서 속 화학 이야기

여기도 중화반응 저기도 중화반응, 바쁘다 바빠!

중화반응이란 무엇일까요? 앞서 염색 과정에서 중화반응을 잠시 다루었지만 여기서 좀 더 알아볼 거예요. 중화반응을 이해하려면 산과 염기부터 알아야 해요. 산은 물에 녹아 수소이온(H+)을 내어놓고, 염기는 물에 녹아 수산화이온(OH-)을 내어놓는 물질을 말합니다. 그러니까 염산(HCl)처럼 수소이온을 가진 물질은 산성 물질, 수산화나트륨(NaOH)처럼 수산화이온을 가진 물질은 염기성 물질입니다.

중화반응은 산과 염이 1 : 1, 즉 수소이온과 수산화이온이 1 : 1로 반응해 물 한 분자와 염을 만들어내는 반응입니다. 중화반응이 일어날 때는 열이 발생해서 주변의 온도가 올라갑니다. 이를 **중화열**이라고 하지요. 이 과정을 거치며 본래의 성질은 잃습니다. 이때 반응에 참여하는 수소이온과 수산화이온을 **알짜 이온**이라

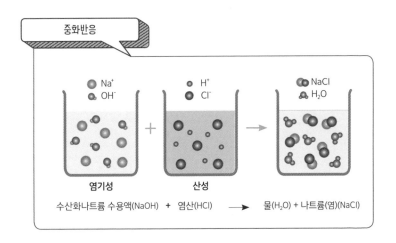

중화반응

Na⁺
OH⁻

H⁺
Cl⁻

NaCl
H₂O

염기성   산성

수산화나트륨 수용액(NaOH) + 염산(HCl) ⟶ 물(H₂O) + 나트륨(염)(NaCl)

하고, 반응하지 않는 나트륨이온(Na^+)과 염화이온(Cl^-)을 **구경꾼**
이온이라고 합니다.

모처럼 바닷가로 여행을 갔다고 상상해 볼게요. "바다에 왔으니
신선한 회를 먹을까?" 이 말에 다들 긍정의 시그널을 보낼 수도
있지만 "저는 비린내 때문에 못 먹어요"라고 말하는 친구가 있을
수도 있어요. 그렇지요. 날생선 특유의 비린내에 예민한 사람도
있을 거예요. 모두가 맛있게 먹을 수 있는 건 아니에요.

횟집에서 회를 시키면 레몬이 따라 나옵니다. 회 접시에 왜 레
몬을 올려둔 것일까요? 보기 좋은 이유도 있을 테지만, 바로 중화
반응과 관련이 있습니다. 물고기의 점액과 비늘 속에는 트리메틸
아민산화물(TMAO)이 들어 있어요. 외부에서 들어오는 염도를 조

절해 탈수를 막는, 물고기 생존에 꼭 필요한 물질이죠. 물고기가 죽으면 기생하던 세균들은 효소를 분비해요. 그리고 박테리아들까지 가세해 물고기의 단백질을 분해하기 시작합니다. 이 과정에서 트리메틸아민산화물은 휘발성이 큰 트리메틸아민(TMA)으로 변하고 암모니아도 발생합니다. 비린 냄새를 유발하는 물질들이죠. 그런데 레몬즙에는 구연산이라는 산성 물질이 포함돼 있습니다. 생선에 레몬즙을 뿌리는 건, 바로 중화반응! 산과 염기의 성질을 중화시켜 비린내를 잡을 수 있습니다.

생선의 비린내를 없애기 위해 쓰는 레몬 하나에도 중화반응이라는 화학의 원리가 숨어 있네요!

우리 몸에서도 중화반응이 일어납니다. 위에서 분비되는 위산은 pH 2에 해당할 정도로 매우 강한 산입니다. 위산은 단백질 소화효소의 작용을 돕고 음식물 속 세균을 죽이죠. 그런데 우리 위는 이렇게 강한 산에도 어째서 멀쩡할까요? 건강한 위에는 강한 산을 방어하는 물질이 있습니다. 위벽 세포는 특수한 점액으로 감싸져 있습니다. 위의 점액세포들은 알칼리성 점액을 분비해 위벽 상피세포의 표면을 덮어 위산으로부터 보호하지요. 그리고 죽더라도 재생되기 때문에 위벽이 손상되지 않습니다.

하지만 위산이 식도로 역류하거나 pH 균형이 깨지면 위 점막이 손상되어 통증을 느끼게 됩니다. 배가 쓰리다거나 속이 아프다는 느낌이 들 때는 보통은 위산이 많아져 pH 균형이 깨져서 그렇습니다. 이럴 때 중화반응을 활용할 수 있는 염기성 물질을 섭취해 보세요. 아픈 증상을 빠르게 없애려고 제산제라고 하는 강한 염기성 물질로 산을 중화시켜야 할까요? 안 돼요, 안 돼! 염기성 물질은 단백질을 녹이는 성질이 있어서 오히려 식도나 위에 나쁜 영향을 미칩니다. 그래서 의료용으로는 약한 염기성 물질인 수산화마그네슘($Mg(OH)_2$)이나 수산화알루미늄($Al(OH)_3$) 등을 사용합니다.

$$2HCl + Mg(OH)_2 \rightarrow MgCl_2 + 2H_2O$$

하지만 속쓰림을 완화하기 위해 복용하는 이런 제산제 때문에 위염이나 위암 등으로 나타나는 증상을 모르고 지나칠 수도 있어요. 그래서 일시적으로만 사용하는 게 좋습니다.

중화반응으로 또 어떤 예가 있을까요? 야외에서 달콤한 음료와 바삭한 과자 등을 먹다 보면 어느새 이곳저곳에서 개미들이 줄지어 나타납니다. "앗 따가워! 어떡해. 개미에게 물렸나 봐." 별다른 증상 없이 지나가기도 하지만 가렵거나 물린 부위가 부어오르고 통증을 느끼는 사람도 있습니다. 개미나 벌 속에 있는 산성 물질인 개미산(HCOOH) 때문이에요. 설마 아직도 벌레에게 물린 데 침을 바르는 사람은 없겠죠?

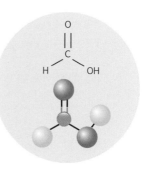

개미산(폼산) 구조식

개미산은 산성이라 염기성 물질로 중화반응을 일으키면 가라앉아요. 개미에게 물린 부위를 비눗물로 씻어내면 통증과 부기가 완화됩니다. 비누도 염기성이니까요. 하지만 이보다는 항히스타민이 포함된 제품을 바르는 게 좋아요. 가려움과 붉은 염증이 심하다면 스테로이드가 함유된 연고를 바르는 것도 효과가 있어요. 만

약 약을 구하기 어렵다면 냉찜질을 해도 효과가 있어요. 혈관이 수축되어서 통증이 줄어듭니다.

이 외에도 실생활에서 다양하게 중화반응이 활용되고 있습니다. 오래된 김치는 산성 물질 때문에 신맛이 강해지는데, 너무 강하다 싶으면 염기성 물질인 소다(탄산나트륨, Na_2CO_3)를 넣어보세요. 신맛은 줄이고 단맛을 높일 수 있습니다. 통조림 속에도 중화반응이 있어요. 과일 통조림의 과일은 껍질이 매끈하게 깎여 있는데 손이나 기계로 깎아낸 게 아니에요. 산 성분인 식용 염산으로 껍질을 녹인 겁니다. 그래서 산성화된 과일을 중성화시키기 위해 통조림 속에 염기성인 수산화나트륨을 넣습니다. 또 있어요! 앞에서 비누와 클렌징폼은 염기성이라고 이야기했어요. 그래서 세안 후 피부는 염기성으로 변해요. 이를 중화시키기 위해 산성을 띠는 스킨과 로션을 발라주는 게 좋아요.

르샤틀리에 원리, 너의 정체를 밝혀라!

1884년 프랑스 화학자 르샤틀리에에 의해 **화학 평형 이동의 법칙(르샤틀리에 원리)**이 밝혀졌어요. 마치 청개구리처럼 반응이 반대로 진행되어 새로운 평형을 찾아가는 거예요. 어렵다고요? 찬찬히 화학반응의 기초부터 다져보기로 해요.

화학반응식을 쓸 때는 반응식의 화살표를 기준으로 왼쪽에는

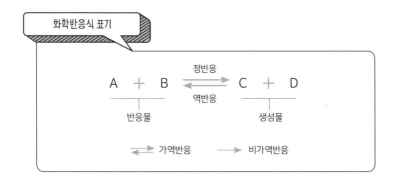

반응물, 오른쪽에는 생성물을 표기해요. 그리고 오른쪽으로 진행되는 반응을 **정반응**, 왼쪽으로 진행되는 반응을 **역반응**이라고 하지요.

그럼, **가역반응**은 뭘까요? 반응물과 생성물의 농도나 외부의 조건 변화로 정반응과 역반응이 모두 일어날 수 있는 화학반응이에요! 대부분의 화학반응은 가역반응에 속해요. 하지만 정반응은 일어나지만 역반응이 일어나기 어려운 반응도 있습니다. 연소 과정을 생각해 보세요. 나무를 태웠는데 다시 나무로 되돌아오는 반응이 일어날까요? 이러한 반응을 **비가역반응**이라고 합니다.

그렇다면 '화학 평형 이동의 법칙(르샤틀리에 원리)'은 어느 경우에 일어날까요? 정반응과 역반응이 모두 가능한 **동적평형**이 일어나는 가역반응에서만 설명할 수 있어요. 르샤틀리에 원리는 화학 평형과 관련이 있어요. 화학 평형 상태에서 온도·압력·농도와 같

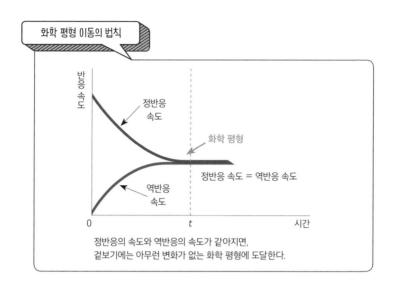

정반응의 속도와 역반응의 속도가 같아지면,
겉보기에는 아무런 변화가 없는 화학 평형에 도달한다.

은 외부 조건이 바뀌어 평형이 깨지면, 그 변화의 효과를 줄이는
쪽으로 이동하면서 새로운 평형에 도달하는 거예요.

이런 원리를 농도의 변화로 한번 살펴볼게요. 화학반응이 평형
상태일 때 반응물의 **농도**(주어진 양의 용매나 용액에 들어 있는 용질
의 양)를 증가시키면, 높아진 반응물의 농도를 다시 감소시키기 위
해 생성물의 농도를 증가시키는 쪽으로 반응이 진행되면서 새로
운 평형을 찾아갑니다.

이건 뭐 청개구리가 따로 없네요. 이참에 압력에 따른 변화도
살펴볼게요. 암모니아 생성반응에서 외부 압력을 높이면, 압력의
영향을 줄이기 위해 기체 분자 수가 적어지는 정반응(4분자→2분

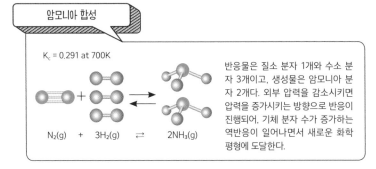

K_c = 0.291 at 700K

$N_2(g)$ + $3H_2(g)$ ⇌ $2NH_3(g)$

반응물은 질소 분자 1개와 수소 분자 3개이고, 생성물은 암모니아 분자 2개다. 외부 압력을 감소시키면 압력을 증가시키는 방향으로 반응이 진행되어, 기체 분자 수가 증가하는 역반응이 일어나면서 새로운 화학 평형에 도달한다.

자) 쪽으로 반응이 진행됩니다. 부피가 같은 조건에서는 들어 있는 기체 입자 수가 적을수록 용기와 충돌하는 입자 수도 줄어 압력이 낮아질 테니까요.

그렇다면 온도 변화에 따른 화학 평형 이동은 어떨까요? 만약 반응 온도를 낮추면 반대로 온도를 높이기 위해 열을 방출하는 발열반응이 일어나며 새로운 평형에 도달합니다. 이렇게 간단한 원리가 현대 화학 공법의 필수 개념이라니 놀랍지 않나요?

대기의 78%를 차지하는 질소는 질소 원자 두 개가 결합력이 높은 **삼중결합**(원자 두 개가 전자 세 쌍을 함께 공유한 결합)을 형성하고 있습니다. 대기 중에서 안정하고 화학 반응성도 낮아서 식물이 자연적으로 활용하기 어려워요. 그래서 반응성이 높은 질소화합물인 암모니아를 작물 비료로 사용해 왔어요. 하지만 이도 충분한 양을 확보하기는 힘들었습니다. 독일의 화학자 프리츠 하버가

인공비료를 개발하기 전까지는요. 이 과학자는 르샤틀리에 원리를 적용해 암모니아를 인공적으로 대량 합성해 비료로 사용할 수 있는 공정을 개발했습니다.

물론 암모니아의 합성 과정은 순탄치 않았어요. 질소 분자의 강력한 삼중결합을 깨기 위해서는 온도가 높아야 했지만, 암모니아의 합성 과정은 발열반응이라서 온도를 높이면 오히려 열을 흡수하는 역반응이 우세해져 암모니아를 합성하기가 힘들었습니다. 그렇다고 온도를 낮추면 반응속도가 느려져 대량 생산이 힘들었죠. 그나마 다행은 압력을 증가시키면, 용기 속 기체 분자 수가 감소하는 방향인 정반응이 우세하게 일어난다는 것이었습니다. 하지만 이 거대한 압력을 견뎌낼 용기를 만든다는 것도 불가능에 가까웠어요. 그래도 포기하지 않고 고온 고압을 유지하며 수득률(반응 물질이 완전히 반응했을 때 기대되는 이론적인 생성 물질의 양에 대해 실제로 생성된 양의 비율)을 높이기 위해 계속해서 연구했습니다.

마침내 철이라는 촉매를 활용해서 약 $400 \sim 500℃$의 고온과 200기압이 암모니아 합성에 가장 효과적인 온도와 압력임을 찾아냅니다. 바로 철이라는 촉매가 합성 과정에서 부족한 온도를 높이고 반응속도를 향상시켜 대량 생산이 가능하게 만든 거죠. **하버법**의 발견으로 인류의 농업 생산량은 증대되었고 지금도 그의 암모

프리츠 하버(왼쪽)는 화학 비료를 만들 수 있는 암모니아 합성법을 발견했지만,
제1차 세계대전 당시 독일의 독가스 개발을 지시하기도 한 과학자다.

니아 합성법은 비료 생산에 가장 중요한 화학 원리로 활용되고 있습니다.

이 덕분에 프리츠 하버는 생명을 많이 구한 과학자 1위에 선정되고 1918년 노벨 화학상까지 받았습니다. 하지만 그는 반대로 사람을 죽이는 용도로도 화학 지식을 활용했습니다. 제1차 세계대전 때 자신의 조국 독일을 위해 독가스 개발에 참여한 것이죠. 호흡을 통해 사람의 폐로 들어가면 염산으로 변해 고통스럽게 죽이는 염소가스입니다. 그런데도 그는 종전 후 어떠한 처벌도 받지 않았습니다. 화학을 공부하는 사람으로서 매우 유감스러운 일입니다. 사람을 살리기도 하고 때로는 죽음으로 내몰기도 하는 화학. 인류를 위한 최선이 무엇인지 숙고하며 연구해야겠습니다.

나도 과학자

활동1 **자주색 양배추로 pH 지시약 만들기**

준비물 자주색 양배추, 레몬즙, 생수, 표백제, 냄비, 종이컵

❶ 자주색 양배추를 잘게 썰어 준비합니다.

❷ 냄비에 준비한 양배추 100g을 넣고 물 300ml를 부어 끓입니다.

❸ 불을 끄고 보라색으로 변한 양배추 물이 식을 때까지 기다립니다.

❹ ❸의 양배추 물(지시약)을 종이컵에 적당히 나누어 따릅니다.

❺ 레몬즙과 표백제를 섞은 물을 ❹의 종이컵에 각각 혼합한 후, 색 변화를 관찰합니다.

양배추에 들어 있는 안토시아닌이라는 성분은 액체의 성분에 따라 색이 달라집니다. 이러한 성질을 이용하면 물질의 액성을 구별할 수 있습니다.

검은콩, 장미꽃잎, 나팔꽃잎, 강황으로도 천연 지시약을 만들 수 있습니다. 검은콩 지시약은 산성에서는 붉은색, 염기성에서는 노란색과 초록색을 띱니다. 장미꽃잎(붉은색)은 산성에서는 붉은색, 염기성에서 노란색으로 변합니다. 나팔꽃잎(붉은색)은 산성에서는 붉은색, 염기성에서는 푸른색을 보입니다. 강황(노란색)은 산성에서는 노란색, 염기성에서는 적갈색을 띱니다.

천연재료를 이용하여 직접 다양한 천연 지시약을 만들어 산성 물질과 염기성 물질에서 어떤 색을 띠는지 관찰해 봅시다.

활동 2 남은 음식으로 천연 비료 만들기

준비물 막걸리, 생수병, 설탕, 종이컵

❶ 빈 생수병에 설탕 50g과 막걸리 100ml를 넣어(종이컵으로 설탕 반 컵, 막걸리 한 컵 비율) 잘 섞습니다. 설탕이 다 녹을 때까지 충분히 저어줍니다.

❷ 실온에서 하루 정도 충분히 발효시킵니다.

❸ 2L 생수병에 ❷에서 발효한 원액 10ml를 넣고 물을 가득 채우면 천연 막걸리 비료가 완성됩니다.(2L 생수병에 원액을 종이컵으로 반 컵 정도 넣어도 됩니다.)

❹ 냉장 보관이 가능하지만 가능한 한 빨리 식물에 주고, 냄새가 심하게 난다면 사용하지 않습니다.

설탕은 막걸리에 들어 있는 미생물의 먹이가 됩니다. 막걸리 비료에는 작물에 좋은 미생물이 포함되어 있습니다. 그리고 질소, 인산, 칼륨 등 무기질과 비타민이 풍부해 작물의 뿌리와 줄기의 생장에서 큰 도움이 됩니다. 부모님이 드시고 남은 막걸리가 집에 있다면, 간단히 천연 비료를 만들어 집 안 화초 가꾸는 데 활용해 봅시다.

그 외에도 달걀 껍데기로 액비를 만들 수도 있고, 바나나껍질을 잘게 잘라 물에 이틀 정도 담근 물도 천연 비료가 됩니다. 먹고 남은 음식으로 천연 비료를 만들어봅시다.

매점에서 발견하는 화학

부풀리고 채우고 얼리고, 질소 너는 대체 뭐니?

"띠리-리-리 리리리~." 쉬는 시간 종이 울림과 동시에 학생들이 "매점 가자!"라고 외치면서 달려갑니다. 매점에 도착해서는 과자 봉지를 집어 들고 계산한 뒤 과자 봉지를 '펑' 하고 뜯습니다! 그런데 "이게 뭐야! 과자가 뭐 이리 적어?" 빵빵한 과자 봉지 속에 든 과자는 정말 터무니없이 적네요. 이건 과자를 산 건지, 공기를 산 건지 도무지 알 수가 없네요. 과자 봉지에 뭘 넣은 거죠?

사실 과자 봉지는 질소로 가득 차 있습니다. 질소를 넣는 이유는 크게 두 가지예요. 하나는 과자가 유통과정이나 보관 중에 부서지지 않도록 하기 위해서입니다. 상품성을 유지해야 하니까요. 다른 하나는 내용물의 변질을 막기 위해서입니다. 질소는 색과 냄새가 없고, 실온에서 매우 안정적이고 반응성이 거의 없는 기체입니다. 따라서 식품 고유의 맛과 향을 보존할 수 있지요. 봉지를 뜯

유통과정이나 보관 중에 과자가 부서지지 않고 내용물이 변질되지 않게 과자 봉지에 질소를 채워 넣어요.

는 순간 바로 공기와 혼합되어 인체에도 해가 없습니다.

그렇다면 질소만 충전제로 가능할까요? 그건 아니에요. 왜냐하면 비활성 기체인 헬륨(He), 네온(Ne), 아르곤(Ar)도 반응성이 없거든요. 하지만 이러한 기체는 충전 비용이 너무 비싸요. 질소는 공기 중에 78%나 있는데 굳이 다른 기체를 사용할 이유가 없지요. 그러면 수소는? 가연성 기체라서 봉지를 뜯는 순간 잘못하면 폭발이 일어날 수도 있어요. 산소를 넣는다면? 아마 과자가 우리 손에 들어오기도 전에 산소와 반응해 산화되고, 미생물이 번식해 상할 거예요. 그러면 이산화탄소는 어떨까요? 이산화탄소는 질소

요즘 청소년을 위한 화학의 쓸모

보다 밀도가 크기 때문에 질소를 충전제로 사용할 때보다 중량이 늘어날 겁니다. 그렇다면 같은 중량이라면 과자 양을 줄일 수 있어서 과자 회사가 좋아할까요? 아니에요. 이산화탄소는 온실기체잖아요. 외부의 열을 잘 흡수합니다. 그래서 이산화탄소를 충전제로 넣는다면 초콜릿을 바른 과자는 날씨가 더우면 봉지 안에서 쉽게 녹을 거예요. 과자 회사들이 과연 이런 어리석은 일을 벌일까요? 이러한 여러 이유로 충전제로 질소 기체를 사용합니다.

질소 기체를 −196℃까지 냉각하면 액체 상태로 변하는데 이것을 액체 질소라고 해요. 식품 분야에서는 냉동이나 건조, 물질의

액체 질소는 −196℃라는 매우 낮은 온도로 물질을 꽁꽁 얼어붙게 해서 여러 산업 분야에서 사용하고 있어요.

변성을 막는 용도로 사용합니다. 의학 분야에서는 세포나 박테리아 등을 냉동 보관하거나, 정자와 난자를 액체 질소에 냉동했다가 필요한 시기에 해동해 난임 시술을 합니다.

혹시 냉동인간이라고 들어봤나요? 아직은 냉동 인간을 소생시키는 기술과 해동 과정에서 세포 손상이 일어나 회의적인 시선이 많지요. 하지만 과학기술이 지금보다 더 발전해 동결방지제 개발과 액체 질소를 이용한 생체 조직 손상을 최소화할 수 있다면요? 뇌 기능 연구나 나노 로봇 개발 등 첨단 기술과의 융합으로 부작용 없는 인체 냉동 보존술이 개발된다면 난치병이나 희소병을 앓고 있는 사람들에게는 큰 희망이 되지 않을까요? 물론 동시에 이에 따른 윤리적인 문제를 고려하고 해결할 방안도 반드시 마련해야겠지요.

질소 기체는 자동차의 에어백에도 쓰이고 있어요. 차량 충돌이 발생하면 기체 팽창 장치 안에 들어 있던 기폭장치가 질소화합물인 아지드화나트륨(NaN_3) 캡슐을 터뜨립니다. 그러면 아지드화나트륨은 산화철과 만나 질소 기체와 나트륨으로 분해되어 급속히 팽창해 에어백이 터지는 원리입니다. 팽창 후 빠르게 배출되어 인체에 해가 없습니다.

질소 기체는 극한 환경에 노출되는 비행기의 타이어를 채우는 데도 사용합니다. 비행기 사고 대부분은 이륙과 착륙 시 발생한다

고 합니다. 빠른 속도로 착륙을 시도하는 비행기의 타이어는 엄청난 무게와 충격을 견딜 수 있어야 해요. 만약 질소가 아니라 일반 공기를 주입하면 엄청난 마찰열로 타이어 내부 온도가 상승해 고무가 녹아내리거나 터질 수 있습니다.

국제선은 상공 8~13km 국내선은 6.4~8.5km에서 운항하는데, 이 구간은 온도가 −50~−60℃ 정도입니다. 만약 타이어 속 기체가 질소가 아니라면 이 정도 온도에서는 액화되거나 얼어붙어서 고무 재질인 타이어가 딱딱해지겠지요. 왜냐구요? 공기에는 산소, 아르곤, 이산화탄소, 특히 수분이 포함되어 있기 때문입니다. 그러면 착륙 시 받는 무게와 마찰을 견디지 못하고 터지거나 찢어질 수도 있습니다.

이 외에도 질소는 다양한 산업 분야에서 산소와 수분 제거, 소화기 등에도 사용됩니다. 비료의 필수 요소이며, 생명체의 몸을 구성하는 아미노산의 핵심 원소이기도 한 질소. 너무 흔해서 아무렇지 않게 생각할 수도 있었던 질소의 활용 영역은 정말 대단하다고 말할 수 있겠네요.

짜릿한 탄산수와 달콤한 아이스크림, 얘들도 화학이야!

무더운 여름이면 종종 이런 생각을 하지요. "부드럽고 시원한 아이스크림 딱! 한 입만 먹었으면 좋겠다. 아니다! 머리부터 발끝까지 모든 신경세포를 깨워줄 짜릿하고 톡 쏘는 탄산음료가 더 좋을까?" 이런! 중요한 화학 시간에 머리를 부여잡고 생각한다는 것이 이건가요? 좋아요! 그럼 먹기 전에 아이스크림과 탄산음료에 숨겨진 화학적 원리를 이야기해 볼게요.

아이스크림을 만들 때는 유화제라는 화합물을 사용합니다. 유화제는 우유와 크림의 유지방 성분을 작은 입자로 쪼개 물과 균일하게 섞이도록 합니다. 우유에 유화제를 첨가한 후 낮은 온도에서 한 방향으로 계속 저으면, 작은 입자로 쪼개진 유지방 사이에 공기 방울이 들어가 끈적한 점성을 가진 덩어리가 형성됩니다. 이 덩어리를 냉동실에 넣어두면 물이 육각 결정을 이루면서 달콤한 소프트아이스크림으로 변하지요. 열심히 많이 저을수록 공기와 더 많이 접촉해 유지방 입자가 작아져서 부드러워집니다. 공장에서 만들 때는 여기에 색소나 향료, 식품첨가물 등 여러 물질을 혼합해 다양한 맛을 더합니다.

가수 박진영은 "노래는 공기 반! 소리 반!"이라고 말하는데 "아이스크림은 공기 반! 원료 반!"이네요. 여기서 한 가지 더! 아이스크림을 만들 때 공기와 재료가 혼합되면서 부피가 커지는 현상을 **오버런**(overrun)이라고 해요. 공기가 약 50% 함유되어 있을 때를 오버런 100%라고 표현합니다. 오버런이 높을수록 부드럽습니다.

퀴즈 하나! 터키 아이스크림이나 젤라또처럼 쫀득한 아이스크

아이스크림은 유지방의 입자가 작고, 공기 방울이 많이 포함될수록 부드러워요.

림은 오버런이 높을까요? 낮을까요? 맞아요! 오버런이 약 25% 정도로 소프트아이스크림에 비해 공기가 덜 들어 있습니다.

그런데 궁금한 점이 있어요. 아이스크림을 만드는 우유나 크림은 유기물이라서 부패할 수도 있는데, 왜 아이스크림에는 유통기한이 표시되어 있지 않을까요? 아이스크림은 보통 어디에 보관하죠? 미생물 성장이 어려운 영하의 온도인 냉동실에 보관합니다. 최적 보관 온도는 −18℃ 정도라고 합니다. 여기에 안전성이 확보된 방부제가 첨가되어 그 효과는 배가 됩니다. 참, 한 번 녹았다가 다시 언 아이스크림은 원래의 형태로 되돌아갈 수 없어요. 그리고 녹았다 얼기를 반복하면 식중독을 일으키는 황색포도상구균 등 다양한 세균이 저온에서도 번식할 수 있으니 주의해야 합니다.

이제 탄산음료 차례죠. 탄산음료는 물과 이산화탄소, 당으로 이루어졌습니다. 시중에 판매되는 탄산음료에는 이산화탄소가 녹아 있습니다. 이산화탄소가 물에 녹으면 산성 물질인 탄산 (H_2CO_3)이 생성돼요.

$$H_2 + CO_2 \rightarrow H_2CO_3$$

탄산음료를 마실 때 느껴지는 짜릿함! 우리는 청량감이라고 말합니다. 이러한 청량감을 느낄 수 있는 건 음료에 녹아 있는 이산화탄소 덕분이에요.

어떻게 물에 이산화탄소를 녹였을까요? 어떻게 용기 속에 녹인 채로 유지할 수 있을까요? 기체는 온도가 낮을수록, 압력이 높을수록 잘 녹아요. 그래서 이러한 원리를 적용해 탄산음료 용기 내부는 외부의 압력보다 매우 높습니다. 뚜껑을 따는 순간 '펑' 소리와 함께 거품이 나오는 건 갑자기 용기 속 압력이 낮아져서 녹아 있던 이산화탄소가 더 이상 녹아 있지 못하고 기체로 나오기 때문이에요. 탄산음료를 마신다는 것은 이산화탄소를 함께 마신다고도 볼 수 있어요. 우리 몸에 들어온 이산화탄소는 녹지 못하고 있다가 숨을 쉴 때 빠져나오는데 이게 바로 트림이에요.

무더운 여름날 탄산음료를 몇 캔씩이나 마셔도 혈액이나 몸의

기체의 용해도 변화

이산화탄소

이산화탄소

차가운 음료   미지근한 음료

높은 압력   낮은 압력

온도에 따른 기체의 용해도 변화   **압력에 따른 기체의 용해도 변화**

pH가 산성으로 변하지 않아요. 어떻게 가능할까요? 우리 몸은 산성 물질이 들어와도 혈액의 pH를 7.2~7.4로 일정하게 유지하는 완충 능력이 있기 때문이에요.

르샤틀리에 원리로 설명해 볼게요. 탄산음료를 마시면 탄산음료에 녹아 있는 이산화탄소가 몸에 들어옵니다. 우리 몸에 들어온 이산화탄소는 물과 반응해 탄산[1]을 만드는데, 이 과정에서 탄산은 수소이온과 탄산수소이온(HCO_3^-)으로 해리[2]됩니다. 하지만 이렇게 계속되면 혈액의 pH가 떨어질 위험이 있습니다. 용액 속에 수소이온이 많을수록 pH 값이 작아 산성이 되고 수소이온이 적을수록 pH 값은 커져 염기를 띤다는 건 알고 있지요? 자, 이 변화

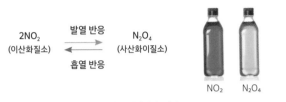

르샤틀리에 원리

$2NO_2$
(이산화질소)

발열 반응
→
←
흡열 반응

N_2O_4
(사산화이질소)

NO_2　N_2O_4

온도에 따른 색 변화로 르샤틀리에 원리를 관찰할 수 있다.

이산화질소는 열을 방출하면서 사산화이질소로 변하는 발열 반응을 하고, 사산화이질소는 열을 흡수하며 이산화질소로 변하는 흡열 반응이 일어난다.

주변 온도가 내려가면 발열 반응이 일어나 사산화이질소 방향으로 반응해 색이 옅어진다. 주변 온도가 올라가면 흡열 반응이 일어나 이산화질소 방향으로 반응해 색이 진해진다.

에 대응하기 위해 혈액은 완충 시스템을 가동하기 시작합니다. 이번에는 탄산수소이온이 수소이온과 결합해 탄산[3]을 다시 만드는 거예요. 그러면 수소이온 농도가 감소하고 pH가 다시 상승합니다. 생성된 탄산은 다시 물과 이산화탄소로 분해[4]되고, 호흡을 통해 이산화탄소는 제거됩니다. 이런 과정을 반복함으로써 우리 몸은 혈액의 pH를 일정하게 유지시킵니다. 복잡해 보이는 과정을 화학식으로 다시 한번 정리하면 아래와 같습니다.

❶ $CO_2 + H_2O \rightleftarrows H_2CO_3$ 　 ❷ $H_2CO_3 \rightleftarrows H^+ + HCO_3^-$

❸ $HCO_3^- + H^+ \rightleftarrows H_2CO_3$ 　 ❹ $H_2CO_3 \rightleftarrows H_2O + CO_2$

어떤가요? 가역반응들이 일어나고 있고, 앞서 살펴본 화학 평

형 이동의 법칙이 적용되고 있다는 걸 알 수 있네요.

그런데 청량감 때문에 혹은 소화가 잘 된다는 이유로 마시는 탄산음료는 실제로는 우리 몸에 좋지 않은 영향을 미칩니다. 탄산음료에 첨가되는 물질들 때문입니다. 탄산음료에는 첨가물이 잘 섞이도록 인산을 추가해요. 인산은 뼈의 주성분인 칼슘과 반응해서 인산칼슘을 생성해 몸 밖으로 칼슘을 배출시킵니다. 뼈를 약하게 하거나 뼈 생성을 방해하는 거지요.

그리고 탄산음료의 당 성분은 지방으로 축적되어 비만이나 동맥경화, 고지혈증과 같은 대사증후군을 발생시키기도 합니다. 최근 많은 사람이 건강이나 다이어트를 이유로 상품명 앞에 '제로'가 붙은 음료를 마시는데요, 정말 열량이 제로일까요? 법적으로는 100ml당 4kcal 미만의 열량을 발생시키면 0kcal라는 표현을 쓸 수 있다고 합니다. 실제로 발생하는 열량이 적을 뿐이지 진짜 제로는 아닌 거예요.

거기다 제로 탄산음료에는 인공감미료가 들어 있어요. 인공감미료 자체는 열량이 없어서 대사증후군과는 거리가 멀어 보이죠? 전혀 그렇지 않아요. 설탕은 뇌에서 단맛과 열량 보충이라는 두 가지 보상 영역에 모두 관여합니다. 인공감미료는 단맛은 나지만 기대한 열량보다 적은 양이 들어와 부족분을 채우기 위해 오히려 식욕을 증가시킬 수도 있어요. 자주 섭취하면 소화 시스템에 혼란을 일으켜 신체 대사가 교란될 수도 있습니다.

다이어트에 효과적일 것 같은 제로 탄산음료는 그냥 탄산음료를 마시던 사람들에게는 단기적으로 낮은 열량 섭취로 도움이 될수도 있겠지만, 장기적으로는 큰 도움이 되지 못할 확률이 높습니다. 무작정 '제로'라는 말에 현혹되지 말고, 올바른 식습관을 유지하고 운동을 병행하는 것이야말로 건강을 유지하는 가장 좋은 방법임을 잊지 마세요.

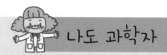 나도 과학자

 활동 1 **아이스크림 만들기**

준비물　우유 약 두 컵(500ml), 설탕 약 1/2컵(100g, 취향에 따라 조절 가능),
　　　　생크림 약 1컵(250ml), 얼음과 굵은 소금(약 3 : 1 비율), 거품기,
　　　　크기가 다른 용기 두 개, 아이스크림 틀

❶ 용기에 우유와 설탕을 넣고 저으면서 녹입니다.

❷ 설탕이 녹으면 ❶에 생크림을 넣고 계속 젓습니다.

❸ ❶에서 사용한 용기보다 큰 용기에 얼음을 담고 굵은 소금 뿌립니다.

❹ ❷를 얼음과 굵은 소금이 담긴 큰 용기에 올려놓습니다.

❺ 15분 이상 열심히 빙글빙글 돌리며 준비한 ❷를 거품기로 섞습니다. 같은
방향으로 열심히 오래 저을수록 공기 방울이 많이 포함되어 더욱 부드러
운 아이스크림이 됩니다. 집에 전동 거품기가 있다면 활용해도 좋습니다.

❻ 용기 주변에 작은 얼음 알갱이가 생기면서 아이스크림이 만들어집니다.

❼ 준비한 틀에 담아 냉동실에 넣어 보관했다가 먹습니다.

얼음에 굵은 소금을 뿌리는 이유는 어는점 내림, 즉 어는점이
낮아져서 얼음이 덜 녹기 때문입니다. 약 -15℃까지도 내릴 수
있습니다.

집에서도 작은 입자로 쪼개진 유지
방 사이에 공기 방울이 포함된
달콤하고 부드러운 아이스크림
을 맛볼 수 있습니다.

활동 2   과일 탄산음료 만들기

준비물   구연산 5g, 식소다(탄산수소나트륨) 5g, 자몽즙(레몬즙), 젓개, 설탕, 차가운 물 500ml, 투명 컵

❶ 차가운 물 500ml를 투명 컵에 넣고, 설탕을 녹여가며 원하는 정도로 단맛을 맞춥니다.

❷ 구연산 5g을 설탕물에 넣고 완전히 녹을 때까지 저어줍니다. 이때 준비한 자몽즙(레몬즙)을 추가합니다.

❸ 준비된 구연산 용액에 식소다 5g을 넣습니다. 빠르게 반응이 일어나면서 기포(이산화탄소)가 발생하면 탄산음료 완성입니다.

· ·

구연산($C_6H_8O_7$)과 식소다($NaHCO_3$)가 반응해 발생한 이산화탄소(CO_2)가 물에 녹아 탄산음료의 톡 쏘는 맛을 냅니다. 온도가 낮을수록 이산화탄소가 물에 잘 녹기 때문에 얼음을 추가하면 청량감이 더해집니다. 잠깐, 먹어도 해가 없는 식용 소다를 구입해서 만들어야 합니다.

$$C_6H_8O_7 + 3NaHCO_3 \rightarrow 3CO_2 + 3H_2O + Na_3C_6H_5O_7$$

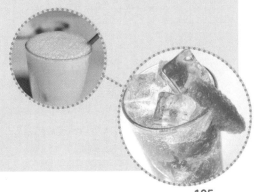

매점에서 발견하는 화학

쓸모 3

사회에 스며 있는
화학 이야기

인류의 발전사와 함께한 화학의 결정적 순간들을 살펴보고
화학과 다른 학문과의 연결이 미래 사회에서
어떤 쓸모로 중요한 역할을 하게 될지 소개합니다.
화학은 우리의 미래입니다!

1

화학의 결정적 순간들!

인류의 역사를 바꾼 금속 화학!

금속 대부분은 산소를 비롯한 다른 원소들과 결합된 화합물 형태로 존재합니다. 하지만 구리는 반응성이 작아서, 다른 금속과 달리 자연 상태에서 가끔 순수한 원소로 발견되기도 하지요. 구리는 자연에서 구할 수 있어서 인류가 최초로 사용한 금속으로 기록되어 있습니다. 기록에 따르면 기원전 3500년경에는 구리에 주석을 섞은 최초의 합금인 청동을 만들었다고 합니다. 단단해진 청동을 만들어내면서 청동기 시대가 열렸지요.

혹시 청동의 발견으로 농업이 발달했다고 생각하나요? 단단한 성질을 활용해 농기구를 만든다면 충분히 가능할 것 같지만 아쉽게도 그렇지는 않습니다. 청동이 가진 희소성 때문에 용도와 사용자가 극히 제한적이었거든요. 청동거울이나 비파형 동검처럼 지배 계층의 장신구나 무기 등 권력 과시용으로 주로 사용되었어요.

공기 중 이산화탄소와 물과 반응으로 생기는 구리의 녹청은 구리 내부의 산화를 막아준대요!

구리는 반응성이 작아 산소와 결합해 쉽게 산화되지 않지만, 오랜 시간 습기에 방치하면 공기 중 이산화탄소와 물과 반응해 표면에 청록색 녹(녹청)이 생깁니다. 우리 몸에는 해롭지만 구리 자체에는 유익한 점이 있습니다. 구리 내부를 보호해 더 이상 산화되는 부식 진행을 막는다는 것이지요. 덕분에 이 녹청만 제거해도 다시 반짝입니다.

구리는 대부분 합금으로 활용되는데, 그 종류가 대략 400가지가 넘습니다. 현재는 구리의 원광 황동석($CuFeS_2$)에 코크스(C)나 실리카(SiO_2)를 넣고 가열해 얻어낸 물질에서 순도 98%의 구리인 조동을 얻어냅니다. 이를 전기분해 해 조동 속에 포함된 불순물을 제거해 순수한 구리를 석출합니다. 이 과정에서 은(Ag), 금(Au), 셀레늄(Se), 텔루륨(Te) 같은 물질도 함께 얻을 수 있지요. 대부분 가격이 높은 물질이라 부수적인 찌꺼기(?)로 돈도 벌고! 일거양득이라고 해야겠네요. 이렇게 유용한 구리는 매장량이 한정되어 있을 텐데, 만약 인류가 자연에 있는 구리를 모두 사용해

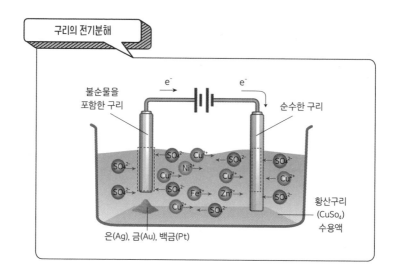

구리의 전기분해

불순물을 포함한 구리

e^-

e^-

순수한 구리

SO_4^{2-} Cu^+ SO_4^{2-} SO_4^{2-}

SO_4^{2-} Cu^+ Ni^{2+} Cu^+ Cu^+

SO_4^{2-} Cu^+ SO_4^{2-} Fe^{2+} Zn^{2+} SO_4^{2-}

Cu^+ SO_4^{2-}

황산구리 (CuSo₄) 수용액

은(Ag), 금(Au), 백금(Pt)

버리면 어떻게 될까요? 걱정하지 마세요. 구리는 언제든 온전한 상태로 재사용될 준비가 되어 있거든요. 정말 매력적인 금속입니다.

다음은 철 이야기를 해볼게요. 철은 '산업의 쌀'이라 불릴 정도로 우리 생활에 정말 많이 활용되고 있어요. 인류는 철을 발견한 이후 철을 제련하기 위해 오랜 시간 노력했고 기원전 1200년경에 철로 도구들을 만들어내기 시작하면서 철기 시대를 맞이하게 되었습니다.

철기 시대 초반에는 여전히 청동기 도구들을 사용하면서 발달시켜 생활의 질을 높였습니다. 하지만 철 생산량이 늘어나는 철기 시대 중반부터는 농기구와 일상용품, 무기 등 철 도구가 대세를

이루면서 청동기 도구들의 수요가 줄었습니다.

철은 구리보다 반응성이 커서 대부분 적철석(Fe_2O_3)이나 자철석(Fe_3O_4) 등의 산화물로 자연계에 존재합니다. 그리고 구리보다 훨씬 많이 매장되어 있습니다. 하지만 녹는점이 약 1538℃로 높고 산화철에서 산소를 제거하는 제련 기술의 발달이 늦어져 활용 시기도 늦어졌습니다. 현재는 제련 기술이 발전해 용광로에 코크스와 철광석, 석회석을 넣어서 얻어냅니다. 용광로에서 코크스가 불완전 연소해 일산화탄소를 만들고, 이 일산화탄소가 다시 철광석과 반응하는 과정에서 철을 얻습니다. 이러한 제철 과정에도 산

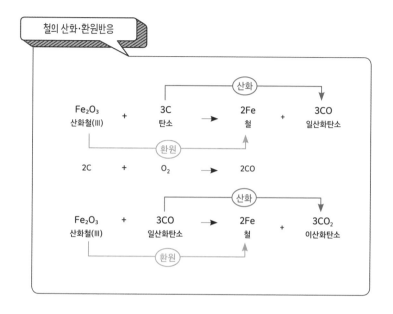

화·환원반응이 숨어 있습니다.

철의 종류는 탄소의 함유량에 따라 순철, 강철, 선철로 분류합니다. 탄소가 적게 포함되면 부드럽고 잘 늘어나는 성질을 가집니다. 반대로 탄소 함유량이 많을수록 강도가 증가합니다. 일반적으로 철이라 부르는 것은 용광로에서 철의 제련 과정에서 얻어지는 탄소를 1.7% 이상 포함하는 선철입니다. 선철은 전성(얇게 펴지는 금속의 성질)과 연성(가늘고 길게 늘어나는 성질)을 기대하기 어려워요. 보통 3.5~4.5%를 함유한 철을 사용하기 때문에 선철 그대로는 가공이 힘들고 녹인 후 거푸집에 부어 굳혀서(주물) 사용합니다.

그리고 강철은 주로 강(steel)이라고 불려요. 선철에서 탄소를 제거해 함유량을 0.035~1.7% 정도로 낮춘 것입니다. 탄소 함유량에 따라 단단한 정도(경도)가 달라집니다. 보통 탄소를 0.4~0.6% 함유해 연성이 있고 충격에 강해서 주로 자동차나 가전제품, 선박 제작 등에 사용합니다. 만약 자동차를 선철로 만든다면 어떻게 될까요? 사고가 나면 사람을 보호하기 위해 자동차가 적당히 찌그러지면서 충격량을 흡수해야 하는데, 선철 자동차는 오히려 자동차를 보호하는 꼴이 됩니다.

마지막으로 탄소 함유량이 0.035% 이하인 순철은 너무 연해서 주로 실험실에서 합금이나 촉매 등으로 사용하거나, 특정 산업 분야에서 고순도 철 제품을 만들 때 사용합니다. 하지만 철도 부식에 취약해요. 철 표면이 공기 중의 산소와 물에 노출되면서 일어나는 산화를 조금이라도 늦추거나 방지할 방법은 뭘까요? 가장 쉬운 방법으로는 철 표면을 페인트와 같은 물질로 칠하는 거예요. 도장을 하면 철이 물과 산소를 직접 접하는

공기 중의 산소와 물에 노출되면서 일어나는 산화 과정으로 철 제품의 표면에 붉은 녹이 생겨요.

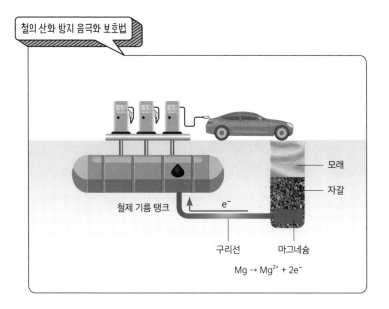

철의 산화 방지 음극화 보호법

철제 기름 탱크

구리선 마그네슘

모래
자갈

e^-

$Mg \rightarrow Mg^{2+} + 2e^-$

일이 없겠죠?

그래도 바닷물에 노출되면 전해질 이동으로 더 빨리 부식이 일어나요. 이런 경우에는 **음극화 보호법**으로 반응성이 더 큰 금속을 연결해 구조물의 부식을 방지하고 보호하는 방법을 써요. 아연과 마그네슘을 이용합니다. 철보다 **이온화 경향**이 큰 마그네슘을 철에 연결하거나 부착(코팅)해 철보다 먼저 부식되도록 해서 철의 산화, 즉 부식을 늦추는 방법입니다.

마지막으로 인류가 사용하는 금속 중에서 재활용하기에 가장 좋은 금속인 알루미늄에 관해 알아볼게요. 금속 중에서 지각 구성 비율이 가장 높은 알루미늄은 반응성이 매우 커서 대부분 산화물로 존재합니다. 산화알루미늄(Al_2O_3)에 어떠한 불순물이 첨가되느냐에 따라 값비싼 루비나 사파이어로도 변합니다.

그리고 알루미늄은 주로 보크사이트(주성분 Al_2O_3*$2H_2O$)라는 산화물 상태의 광석으로 존재해요. 아무리 노력해도 순수한 알루미늄을 얻어낸다는 것은 너무 어려운 과정이었죠. 그러던 중 1886년 미국의 화학자 찰스 마틴 홀이 보크사이트를 정제해 얻은 산화알루미늄을 빙정석과 함께 녹인 후 전기분해 해 순수한 알루미늄을 추출하는 **전기분해법**을 개발합니다. 알루미늄을 저렴한 가

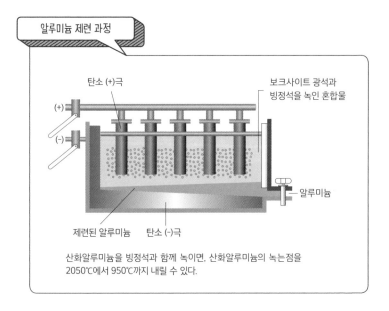

알루미늄 제련 과정

탄소 (+)극

보크사이트 광석과
빙정석을 녹인 혼합물

(+)

(-)

알루미늄

제련된 알루미늄　　탄소 (-)극

산화알루미늄을 빙정석과 함께 녹이면, 산화알루미늄의 녹는점을
2050℃에서 950℃까지 내릴 수 있다.

알루미늄 광석(보크사이트)을
제련해서 순수한 알루미늄
덩어리를 얻어요.

격으로 대량 생산해 낼 수 있게 된 것이죠. 이렇게 얻어낸 알루미늄은 공기(산소)와 접촉하면 매우 얇은 산화피막 층을 만듭니다. 이 막은 내부 알루미늄이 산화하는 걸 방지하고 금속을 더욱 반짝거리게 하는 효과가 있습니다. 가볍고 잘 부식되지 않아서 자동차 산업, 건축 및 인테리어, 전기전자 제품 등 산업 전 분야에 걸쳐 활용됩니다. 이제는 우주항공 산업으로까지 그 활용도를 넓혀 가고 있습니다.

지금까지 금속의 발견과 정제 기술의 발전 과정을 간단하게 살펴봤어요. 인류의 결정적 순간에도 화학 기술이 한몫을 톡톡히

해내고 있습니다. 화학은 과거부터 현재까지 한눈팔지 않고 인류와 함께하고 있습니다.

합성고무의 완전체, 타이어의 변천!

새로운 물질과 기술 발전에는 뜻밖의 행운이 따른 것도 있습니다. 미국의 발명가 찰스 굿이어가 발견한 고무 가황법도 사실은 의도한 실험이기보다는 장난기 많은 고양이 덕분이라고 합니다.

그는 고무가 온도 변화에도 잘 견디면 더 많은 곳에 유용하게 사용될 수 있을 것으로 생각하고 다양한 고무 실험을 진행하고 있었지요. 그러던 어느 날! 식사를 마치고 돌아와 보니, 실험실 책상 위에 두고 간 고무 덩어리를 고양이 한 마리가 이리저리 굴리며 놀고 있었습니다. 살금살금 다가가 고양이를 내쫓으려는 순간! 눈치 빠른 고양이가 책상 위에 놓인 캔 하나를 넘어뜨리고는 살짝 열린 문틈 사이로 도망쳐 버렸어요. 그 바람에 연구 중이던 고무 덩어리는 캔 속에 있던 가루 범벅이 되었고요. 오전 내내 심혈을 기울여 만든 고무 덩어리를 못 쓰게 되자 굿이어는 화가 머리끝까지 치솟았습니다. 그런데 고양이가 어느새 옆방에 슬그머니 들어와서는 장난 삼매경에 빠진 거예요. 얄미운 고양이를 향해 냅다 고무 덩어리를 던졌습니다. 하지만 날쌘 고양이는 도망치고 고무 덩어리만 난로 위로 떨어졌지요. 이를 수습하고자 난로 근처로 가던 굿이어는 뜨거운 난로에 그을린 고무 덩어리를 만지다가 깜짝 놀랐습니다. 왜냐구요? 고열에도 불구하고, 살짝 그을린 것 말고는 전혀 손상이 없었거든요. 내구성이 높아지고 반짝반짝 광택까지 났던 거예요. '이게 무슨 일일까?' 잠시 고민하며 조금 전 일을 떠올렸어요.

찰스 굿이어

실험실로 돌아와 캔에 적힌 글을 확인했습니다. 캔의 내용물은 유황 가루였습니다. 이를 계기로 고무에 유황을 섞어 가열하면 온도 변화에도 강해진다는 사실을 알게 되었습니다.

사실 굿이어는 이미 고무와 황을 혼합한 시약을 발명하기도 했습니다. 하지만 이 시약으로 만든 고무는 날씨에 따라 변형이 잘 일어난다는 단점 때문에 사용하기가 불편했어요. 오랜 연구에도 해결책을 찾지 못하고 있던 차에 행운처럼 가황고무 만드는 방법을 찾아낸 것입니다. 이를 계기로 실험에 몰두해 천연고무와 유황의 적절한 혼합비율과 온도, 가열시간 등을 찾아내어 가황법으로 특허를 받았습니다. 이는 미국의 고무 산업에 획기적인 변화를 가져왔습니다. 타이어 브랜드인 'GOODYEAR'가 탄생하게 된 것이죠. 만약 동물에게 노벨 화학상을 줄 수 있다면 저는 이름 모를 이 고양이를 추천합니다!

　고무로 만드는 타이어 이야기를 해볼게요. 자전거나 자동차의 타이어는 공기를 주입해 빵빵하게 부풀립니다. 앞서 항공기 타이어는 질소로 충전한다고 했지요. 하지만 처음부터 이러한 방법을 사용했을까요? 예전에는 무쇠 또는 나무 바퀴에 무쇠를 씌워 만든 바퀴를 사용했어요. 기술의 진보로 단단한 고무로 만든 통 타이어를 사용하기도 했지요. 승차감은 정말 엉망이었겠어요. 상상만으로도 엉덩이가 아프네요. 하지만 특별한 해결책이 없어서 사람들은 불편해도 자전거에 이런 타이어를 사용해야 했습니다.

　그런데 아들 사랑이라면 누구 못지않던 영국의 발명가이자 수의사였던 존 보이드 던롭이 이 문제를 해결했습니다. 그는 자전거 타기를 좋아하는 아들이 매번 넘어지고 다치는 게 안타까워 어느 날 결심을 합니다. 아들을 위해 안전한 타이어를 만들어야겠다고 말이죠. '말랑말랑하고 탄성이 있는 고무를 씌우면 어떨까?'라는 생각에 고무호스를 씌워보았지만 큰 효과는 없었습니다. 그러던 차에 우연히 찌그러진 축구공에 공기를 넣어달라던 아들의 말에 반짝이는 아이디어가 떠올랐죠. '바퀴에 고무를 씌우고 그 안에 공기를 넣으면 탄력이 생기지 않을까?' 하는 생각이었죠. 이렇게 탄생한 타이어는 탄력이 있어서 승차감은 물론이고 안정성도 탁

존 보이드 던롭(왼쪽)과 그가 만든 최초의 공압식 자전거 타이어(오른쪽. 1887년 제작 추정)

월했어요.

그는 이러한 편리함을 모두가 누렸으면 하는 바람으로 타이어에 대한 특허를 냈습니다. 바로 최초의 공기 주입 고무 튜브 타이어입니다. 당연히 자전거의 타이어는 던롭의 이 고무 튜브 타이어로 빠르게 바뀌었습니다. 당시 개발되기 시작한 자동차에도 채택되었지요. 던롭은 이런 편의성을 많은 이들과 나누기를 희망하는 마음으로 회사를 설립하고 CEO까지 되었습니다. 세계적인 타이어 제조회사 브랜드인 'DUNLOP'은 이렇게 시작되었습니다.

타이어 하면 또 떠오르는 게 있지 않나요? 도로를 달리다 보면, 타이어 교환점에서 자주 볼 수 있는 마치 눈사람처럼 생긴 그림이요. 바로 '미슐랭 맨'이죠. 이제부터 그 이야기를 할게요. 던롭의 공기 주입 고무 튜브 타이어는 안전성과 승차감은 개선이 되었지만, 또 다른 문제점이 발견되었습니다. 바퀴와 튜브가 접착되어 있어 타이어에 문제가 발생하면 바퀴까지 모두 교환해야 했어요. 이러한 불편함을 개선하기 위해 프랑스의 에두아르 미슐랭과 앙드레 미슐랭 형제가 탈부착이 가능한 자전거 타이어를 발명했습니다. 처음에는 던롭이 발명한 타이어의 아류라는 소리를 듣기도 했지요. 하지만 이들은 끊임없이 기술 개발을 했습니다. 그리고 마침내 자전거보다 훨씬 큰 하중을 받는 자동차에 사용할 수 있는 탈착식 공기압 타이어를 세계 최초로 개발해 냈습니다. 이것이 바로 현재 유명한 타이어 브랜드 'MICHELIN'의 시작이에요.

혹시 잡지 〈미슐랭 가이드〉라고 들어본 적이 있나요? 이들 형제는 더 많은 사람이 자신들이 개발한 타이어를 장착한 자동차를 타길 바랐습니다. 그래서 세계 곳곳의 여행 정보와 식당들을 소개하는 안내서를 만들었지요. 이제는 세계적으로 권위의 여행정보 안내서로 유명합니다. 비록 기업의 이익과는 관련성이 적더라도 기업의 이미지를 대중들에게 각인시키는

미슐랭 맨 포스터(1898)

앙드레 미슐랭(왼쪽)과 에두아르 미슐랭(오른쪽)

회사의 특별한 전략이라고 볼 수 있습니다.

굿이어(GOODYEAR)가 타이어의 시초라면, 던롭(DUNLOP)은 타이어의 대중화에 앞장섰고, 미슐랭(MICHELIN)은 타이어 탈부착이라는 기술 혁신을 통해 상업성을 극대화했다고 할 수 있겠네요. 하지만 고무의 특성을 활용한 화학적 합성 과정이 없었다면 이 모두 세상에 빛을 보지 못했을 거예요. 참, 미슐랭 타이어 회사 이름을 국내에서는 미쉐린 타이어로 쓰고 있어요.

화학은 이처럼 우리 생활에서 떼려야 뗄 수 없을 정도로 다양한 쓸모가 있어요. 과학 발전은 우리 주변에서 발생하는 불편함을 개선하려는 시도에서 시작된다는 것을 꼭 기억해 주세요!

나도 과학자

활동 1 은 꽃이 피는 구리 나무 만들기

준비물   검은색 도화지, 질산은 용액, 구리 테이프, 가위, 종이컵, 면봉, 손 코팅지

❶ 구리 테이프 뒷면에 그리고 싶은 나무를 그린 다음 가위로 오립니다.

❷ ❶을 검은색 도화지에 붙이고 가장자리가 들뜨지 않게 꼭꼭 누릅니다.

❸ 종이컵에 질산은 용액을 붓고 면봉에 충분히 적신 다음 ❷의 나무 가장자리를 따라 용액을 넉넉히 묻힙니다.

❹ 구리 테이프의 테두리에서 일어나는 변화를 관찰합니다.

❺ 질산은 용액이 마르면 손 코팅지로 마무리해 나만의 작품을 완성합니다.

은과 구리 중에서 구리가 이온화 경향(반응성)이 더 큽니다. 따라서 구리는 산화되고 은은 환원되면서 은 꽃이 활짝 핀 구리 나무가 나타납니다. 시중에 판매하는 화학 키트를 구매하면 조금 더 간편하게 실험할 수 있습니다.

활동 2 알록달록한 플러버(탱탱볼) 만들기

준비물 색소, 물풀(PVA) 200ml, 붕산수 40ml(물풀의 약 20%), 종이컵,
나무막대

❶ 종이컵에 물풀을 짜서 모읍니다.
❷ ❶에 붕산수를 넣고 걸쭉하게 하얀 응고물 생길 때까지 계속 휘젓습니다.
❸ ❷의 응고물을 손으로 반죽하면서 물을 계속 짜냅니다.
❹ 적당한 크기로 잘라 손으로 계속 문지르면서 색소를 첨가하면 알록달록하
고 통통 튀는 플러버가 완성됩니다.

우리가 자주 사용하는 물풀은 폴리비닐알코올(PVA)로 이루어져 있습니다. 여
기에 붕산수를 혼합하면, 고탄성을 가진 고분자 사슬 구조의 물질이 만들어집
니다. 합성고무처럼 탄성이 커서 통통 튀는 플러버를 만들 수 있습니다.

2

도둑 잡는 화학 이야기

앗, 예술가들도 화학을?

아름다움을 표현하는 방법은 작가나 시대에 따라 다르고, 감상하는 이들에 따라 해석도 다르지요. 예술 작품들은 아름다운 색채와 섬세한 붓 터치로 사실적으로 표현되기도 하지만 때로는 의미를 알 수 없는 형상들을 하고 있습니다. 이러한 미술 작품에 화학이 숨어 있다면요? 음~, 미술의 우아함과 화학의 섬세함! 왠지 둘 사이에 '케미'가 있어 보이지 않나요? 지금부터 미술에 숨어 있는 화학을 소개하겠습니다.

미술가들이라면 당연히 다양한 색으로 자신이 본 풍경이나 인물, 혹은 감상과 생각을 캔버스에 그대로 담고 싶을 겁니다. 그래서 원하는 색을 찾아 식물에서 천연염료를 추출하고, 시커멓게 탄숯이나 흙 등에서 광물성 안료(물감)를 얻어 사용했습니다. 직접 광물을 갈아 가루로 만든 후, 물이나 기름에 섞어 원하는 색을 냈습니다. 나중에는 곤충이나 동물로부터 동물성 화학 염료를 얻기도 했고요. 사람들의 마음을 사로잡는 아름다운 색을 구현하기 위해 큰 노력을 기울여왔습니다. 현재는 이러한 수고를 과학이 대신하고 있습니다. 유기반응과 무기반응, 화합물의 추출과 산화·환원반응이라는 다양한 화학반응을 통해 합성염료와 착색제 등을 만들어 그림을 그릴 수 있게 되었습니다. 이 정도면 미술도 화학의 집합체라고 부를 수 있지 않을까요?

과거 우리나라의 궁궐이나 사찰에서는 주로 광물성 안료를 사용해서 색을 표현했습니다. 광물성 안료는 포함하고 있는 금속 원소의 종류에 따라 색이 다릅니다. 광물마다 고유한 빛의 파장을 흡수해서 각기 다른 색을 띱니다. 또는 특정 금속 원소에 또 다른

캔버스에 아름다움을 칠하는
물감을 만드는 데도
다양한 화학반응을 활용해
합성염료와 착색제 등을 섞어요.

우리나라 사찰의 아름다운 단청은 주로 광물성 안료를 사용했어요.

원소가 결합해 색이 달라지기도 합니다. 예를 들어 화학식이 $2PbCO_3 \cdot Pb(OH)_2$인 리드 화이트는 연백색 혹은 백색을 띠지만, 납이 들어 있으나 결합 원소가 다른 $Pb_3(SbO_4)_2$, 즉 안티몬산납은 노란색 계열을 나타냅니다. 그리고 화학식이 $CuCO_3 \cdot Cu(OH)_2$인 공작석은 구리 원소에 의해 청록색이나 녹색으로 나타납니다.

  예술품에 사용되는 색소에는 이처럼 다양한 화학 성분이 포함되어 있습니다. 특히 납이나 크롬과 같은 중금속이 다량 포함되어 있죠. 왜냐하면 중금속들이 다른 원소와 결합해 화합물을 만들면 아름다운 색을 내기 때문입니다.

인상주의 화가 빈센트 반 고흐. 그는 어째서 매스꺼움과 구토, 고질적인 소화불량을 겪고 말년에는 정신착란 증세까지 보였을까요? 그의 질병은 가족력이 있는 유전이었을까요? 환경의 영향으로 발생한 후천적인 질병이었을까요? 고흐의 작품을 살펴보면 유독 노란색 염료를 많이 사용한 것을 볼 수 있습니다. 고흐가 즐겨 마신 술 압생트에는 산토닌($C_{15}H_{18}O_3$) 성분이 들어 있습니다. 과다 복용 시 세상이 노랗게 보이는 황시증이 나타납니다. 그 때문에 고흐의 작품에 유독 노란색이 많다고 해요. 그리고 그가 노란색을 구현하기 위해 사용한 크롬옐로에는 중금속인 납이 포함되어 있습니다. 고흐는 이 물감을 짜서 먹기도 했다지요. 그렇다면 독성이 강한 납에 중독되어 정신착란 증세를 겪게 된 건 아닐까? 하는 합리적인 의심을 해볼 수도 있습니다.

미술품들도 시간이 지나면 빛에 의해 색이 퇴색되거나 보존 문제로 훼손되기도 합니다. 이럴 때는 전문가들이 복원을 합니다. 큰 질병에 걸려 병원에 가면 X-ray나 CT, MRI를 찍어 병의 원인을 찾기 위해 분석하죠? 미술품을 복원할 때도 이러한 과정을 거칩니다. 광학현미경, X선 투과법, 색층 분석, 자외선, 적외선, X선 형광 분석 등 듣기만 해도 어려워 보이는 다양한 방법으로 검사를 합니다. 어떤 색소가 사용되었는지부터 찾아낸 다음 복원 작업에

노란색 안료 크롬옐로를 사용해 그린 고흐의 〈해바라기〉

돌입하지요. 미술품 복원 전문가들은 "개입을 최소화하라!"라고
말합니다. 왜냐하면 때로는 복원 과정에서 오히려 작품이 훼손될
수도 있고, 작가의 의도를 해칠 수도 있기 때문입니다.

자, 본격적으로 복원을 해보겠습니다. 미술품에 묻은 그을음을
제거하기 위해서는 벤젠과 알코올과 같은 유기 용매를 사용해요.
하지만 오래된 미술품들은 조금만 건드려도 말라붙은 물감이 부
서질 수 있습니다. 액체 용매 때문에 물감이 번져버리기도 하고
요. 복원이 아니라 오히려 망치는 꼴이 될 수도 있어요. 그래서 매

긴 시간과 정성이
들어가는 미술품 복원에도
여러 가지 화학적 원리가
숨어 있어요!

우 조심스럽게 진행해야 합니다. 부서진 장난감을 순간접착제로 '뚝딱!' 하고 붙이는 작업이 아니거든요. 따라서 한 작품을 복원하는 데도 긴 시간이 소요됩니다.

복원 과정에 화학적 원리가 활용돼요. 미항공우주국(NASA)의 과학자들은 '산소 총'을 활용해 모네의 검게 그을린 〈수련〉 연작을 복원하는 데 성공했습니다. 산소 원자는 그을음(탄화수소)과 반응해 이산화탄소나 일산화탄소로 바뀌지만, 물감은 이미 충분한 산소 원자와 결합한 산화 금속이라서 산소 원자와는 반응하지 않을 것이라는 예상이 적중했던 거예요. 여기에도 우리가 아는 산화·환

요즘 청소년을 위한 화학의 쓸모

원이라는 원리가 활용되었어요!

이 정도면 미술에서도 화학은 떼려야 뗄 수 없는 존재가 아닐까요? 캔버스에 유화물감이 가교결합에 의해 굳어져 단단한 도막을 형성하면서 광택과 풍부한 색감을 내듯이, 미술이라는 캔버스에 화학이라는 유화물감이 더해진다면? 그야말로 어디에서도 찾아볼 수 없는 '케미'를 보여줄 거 같습니다. 앞으로도 미술 작품으로 사람들에게 무한한 감동과 힐링을 선물할 수 있게 화학이 항상 함께할 거예요.

완전범죄는 없다! 화학으로 잡는다!

"애-앵 애애-앵" 도둑이 들었어요! 정말 치밀하게 준비했는지 어디에도 범인의 흔적은 보이지 않습니다. "잠시만요, 과학수사대입니다. 사건 현장에서 다들 나가주세요! 소중한 증거들이 훼손될 수 있습니다." 무슨 말이지? 눈에 보이는 흔적이 아무것도 없는데 말이에요. 하지만 수사 요원들은 그림이 걸려 있던 자리와 그 주변에 '칙칙칙!' 물질을 뿌립니다. 잠시 뒤, 불을 끄고 특수 필터가 장착된 손전등으로 비춰봅니다. "찾았다 요놈! 여기 혈흔이 보여요. 검체를 채취하세요!" 눈에 보이지 않던 증거물이 도대체 어디서 어떻게 나타난 것일까요? 지금부터 과학수사대처럼 비밀을 파헤쳐 볼게요.

루미놀($C_8H_7N_3O_2$) 용액은 염기성 용액인 수산화나트륨(NaOH)
과 산화제 역할을 하는 과산화수소(H_2O_2)를 섞어서 만든 거예요.
루미놀 용액이 반응하기 위해서는 촉매가 필요한데, 혈액 속에 있
는 적혈구가 촉매 역할을 합니다. 적혈구 속에는 헤모글로빈이 들
어 있고 이 헤모글로빈 하나당 헴 분자 하나가 할당되는데, 헴이
라는 화합물을 구성하는 **포르피린 환 구조** 중심에 철 원자가 들어
있어요. 그러니까 정확하게는 이 철이 **촉매** 역할을 하는 거지요.
혈액 속 철이 산화되어 붉은색을 띠는 거예요.

여기서 잠깐! 식물의 엽록소는 신기하게도 혈액의 헴 구조와 매
우 비슷합니다. 중심에 철 원자가 아닌 마그네슘 원자가 들어가

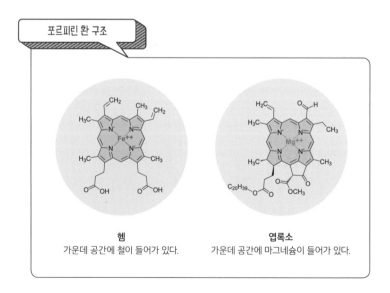

포르피린 환 구조

헴
가운데 공간에 철이 들어가 있다.

엽록소
가운데 공간에 마그네슘이 들어가 있다.

요즘 청소년을 위한 화학의 쓸모

있는 게 다른 점이죠. 그래서 과학자들은 '엽록소를 활용해 혈액을 만들 수 있지 않을까?'라는 생각으로 오랜 기간 연구하고 있어요. 아직은 방법을 알아내지 못했습니다.

다시 루미놀 이야기로 돌아갈게요. 루미놀 반응의 원리는 조금 어려울 수도 있습니다. 그래도 최대한 쉽게 소개할게요. 자세히 이해하기보다는 아래 그림을 보면서 순서대로 기본 원리를 이해하기 바랍니다. 우선 염기성 용액(수산화나트륨)이 루미놀을 수소 원자 두 개를 잃은 2가 음이온으로 변화시킵니다. 이제 반응할 수 있는 상태로 바뀐 거예요. 그다음 용액을 뿌린 부위에 혈액이 있다면 혈액 속의 철이 루미놀 용액 속 과산화수소가 물과 산소로 분해

루미놀 반응 과정

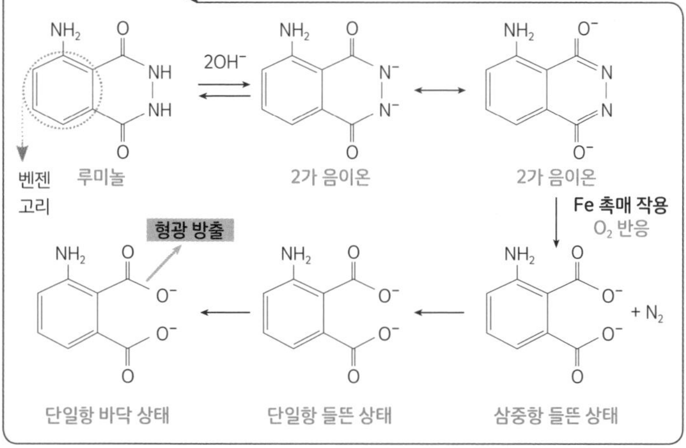

되도록 촉매작용을 합니다. 이렇게 생성된 산소와 루미놀 음이온이 반응하는 과정에서 산화·환원반응의 결과물인 질소 기체는 떨어져 나갑니다. 이때 생성된 중간체(유기 과산화물)는 높은 에너지 상태로 불안정합니다. 그래서 안정한 상태로 돌아가기 위해 내부 에너지를 곧바로 빛으로 방출합니다. 즉, 들뜬 상태의 전자가 바닥 상태로 배치되면서 청백색의 화학 발광이 나타나는 거지요.

이 과정을 좀 더 이해하려면 배경지식으로 수소 원자의 전자 전이에 따른 **바닥 상태**와 **들뜬 상태**를 알아야 합니다. 바닥 상태는 에너지가 낮은 안정한 상태, 들뜬 상태는 에너지가 높은 불안정한 상태라고 할 수 있어요. 화학에서는 에너지가 낮을수록 안정하다고 말합니다. 따라서 들뜬 상태에서는 안정해지기 위해 바닥 상태

로 전자 전이가 일어나면서, 감소한 에너지의 양에 해당하는 파장의 빛을 방출하게 됩니다.

하지만 반복적으로 루미놀 용액에 노출된 DNA는 정확한 분석이 어렵습니다. 그리고 동물의 혈액이나 철 성분이 포함된 물질에서도 화학적 발광이 일어납니다. 이것이 사람의 피인지 동물의 피인지를 구분하기 위해서는 추가로 다른 검사를 해야 합니다.

범죄를 은닉하기 위해 범죄 현장에 입고 갔던 옷이나 신었던 신발을 세탁하면 맨눈으로는 핏자국이 보이지 않을지 몰라요. 하지만 세탁을 해도 옷감에 엉겨 붙은 적혈구는 완벽히 제거되지 않습니다. 루미놀 반응은 혈액이 약 1~2만 배로 희석돼도 나타납니다. 범죄 현장에서 채취한 아주 적은 혈흔도 DNA를 증폭하여 검출하는 중합효소 연쇄반응(PCR, Polymerase Chain Reaction) 검사로 루미놀과 반응시킬 수 있어서 수사에 유용하게 쓰이죠.

현재는 지문 채취뿐 아니라 독성학, 곤충학, 미생물학, DNA 프로파일링 등 다양한 기법들이 과학수사에 활용되고 있어요. 화학 원리에 생명과학까지 접목해 범죄 현장을 낱낱이 파헤칩니다. 숨겨진 증거를 찾아내고, 피해자의 억울함을 풀어주는 이 멋진 학문의 협업(collaboration)! 화학이 세상에서 없어지지 않는 한 완전 범죄는 불가능합니다!

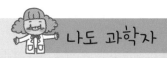

 활동1 **나만의 에칭 판화 만들기**

준비물 알루미늄판, 시트지, 가위, 칼, 염화구리(CuCl₂) 수용액, 칫솔, 종이컵, 비닐장갑

❶ 시트지에 원하는 그림을 그린 후 오립니다.

❷ 오려낸 그림을 알루미늄판에 붙입니다.

❸ 염화구리(CuCl₂) 수용액에 시트지를 붙인 알루미늄판을 넣습니다. 알루미늄판의 부식으로 구리가 석출되는 과정과 용액의 색 변화를 관찰합니다.

❹ 충분히 부식되면(알루미늄판에 붉은색 구리가 보이면) 비닐장갑을 끼고, 알루미늄판을 꺼냅니다. 구리를 칫솔로 살살 털어내며 깨끗한 물로 씻어냅니다.

❺ 마지막으로 ❷에서 붙인 시트지를 떼어냅니다. 시트지가 붙어 있던 면은 부식이 없고 붙이지 않은 부분만 부식된 것을 확인할 수 있습니다.

알루미늄판과 염화구리로 산화·환원반응을 이용해 판화를 만들어보았습니다. 수용액 속 구리이온은 처음에는 푸른색을 띠지만, 시간이 지날수록 석출되어 옅어집니다. 어떤 반응이 일어났는지 화학식도 적어봅시다.

활동 2 지문 채취하기

준비물 코코아 가루 또는 연필심 가루, 공기 펌프, 유리잔, 핸드크림,
투명 테이프, 흰 종이

❶ 엄지손가락에 핸드크림을 바르고, 유리잔에 지문을 쿡 찍습니다.(핸드크림을 바르면 더 잘 찍힙니다.)

❷ 지문이 찍힌 유리컵에 코코아 가루나 연필심 가루를 골고루 뿌립니다.

❸ 공기 펌프(풍선에 공기를 주입하는 펌프)로 가루를 골고루 넓게 펴줍니다.

❹ 투명 테이프로 가루가 뿌려진 곳을 찍어 지문을 채취합니다.

❺ 흰 종이에 ❹의 투명 테이프를 붙이고 지문을 관찰합니다.

지문은 손가락 안쪽 끝에 있는 살갗 무늬로 사람마다 각기 다르게 나타납니다. 맨손으로 만진 물건에는 피부의 땀이나 기름 성분에 의해 지문이 남습니다. 사람마다 다른 무늬를 보이는 지문은 범죄 현장에서 신원을 확인하는 데 활용되기도 합니다.

3

미래 세상도 화학이 책임진다!

여기도 탄소, 저기도 탄소! 탄소 잡으러 가자!

최근 들어 탄소 중립, 탄소 배출권, 탄소 제로, 탄소 화합물 등 탄소 관련 이야기가 여기저기서 자주 등장합니다. 탄소는 주기율표에서 보면 원자기호 C, 원자번호 6번인 14족 비금속 원소입니다. 지구상에 존재하는 모든 생명체는 탄소를 기반으로 이루어져 있다고도 할 수 있어요. 탄소를 포함한 유기 화합물은 다른 모든 원소로 이루어진 화합물의 수보다 훨씬 많습니다. 왜냐구요? 탄소는 수소, 산소, 질소, 황 등의 다른 원소와 다양한 방법으로 결합하기 때문이에요.

탄소는 탄수화물, 단백질, 지방 그리고 핵산(DNA와 RNA) 등 생명체를 구성하는 다양한 유기 분자를 만들 수 있습니다. 그리고 탄소끼리 결합해 사슬이나 고리 형태의 탄소 골격 구조도 만들 수 있어요. 또한 **다중결합**을 통해 물리·화학적 성질이 다른 다양

흑연과 다이아몬드는
대표적인 탄소 동소체입니다.

한 **이성질체**를 만듭니다. 탄소의 결합 유연성은 생명 현상을 밝혀
내는 데 실마리를 제공하고, 신물질 개발에 필요한 복잡한 구조
를 생성하는 데 기여하고 있습니다.

　지금부터 탄소의 세계로 좀 더 들어가 볼게요. 탄소 원자로만
구성되어 있으나 배열과 구조가 달라서 각기 다른 성질을 나타내
는 물질을 **탄소 동소체**라고 합니다. 탄소 동소체에는 흑연, 다이아
몬드, 그래핀(graphene), 탄소 나노튜브, 풀러렌(fullerene) 등이 있
지요.

　이 중 흑연과 다이아몬드를 먼저 소개할게요. 흑연은 탄소 원자
가 육각의 판 모양으로 결합해 있습니다. 그리고 판 위아래로 이

러한 판들이 층처럼 연속해 연결된 구조입니다. 같은 평면에 놓인 탄소끼리는 한 쌍 이상의 전자를 함께 공유하는 강력한 **공유결합**을 이루고 있지만, 위아래 분자 간 힘은 약합니다. 분자 간의 약한 힘을 **판데르발스 힘**이라고 하지요.

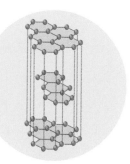

흑연의 탄소 구조

흑연은 흔히 연필심 재료로 알려져 있습니다. 흑연의 층과 층 사이는 약한 힘에도 잘 부서지는 성질을 이용하는 것이지요. 우리가 종이에 무언가를 쓰면 종이 표면의 오톨도톨하게 팬 미세한 홈 사이로 부서진 흑연 가루가 들어가 글씨가 나타납니다. 그 외에도 전기분해 때 사용하거나, 배터리 전극 재료로도 널리 활용하고 있습니다.

다이아몬드는 탄소 원자를 중심으로 주변에 탄소 원자 네 개가 공유결합된 사면체 구조로 경도가 매우 큽니다. 단단하고 빛을 반사해 반짝반짝 광채를 내 고가의 보석으로 인기가 있죠. 광물의 굳기를 비교하는 모스 굳기계(경도계)의 금강석이 바로

다이아몬드의 탄소 구조

다이아몬드입니다. 단단한 것일수록 수치가 높은데 활석은 1, 석고 2, 방해석 3, 형석 4, 인회석 5, 정장석 6, 석영(수정) 7, 황옥 8, 강옥 9, 그리고 금강석은 10입니다.

흑연과 다이아몬드는 **전기 전도성**에서도 차이가 납니다. 탄소 원자는 원자의 가장 바깥 껍질에 전자가 네 개라 공유결합이 총 네 번 가능합니다. 다이아몬드는 중심 탄소를 기준으로 공유결합이 네 번 모두 이루어져 전기 전도성이 없습니다. 반면에 흑연은 육각 판을 형성할 때 중심 탄소를 기준으로 공유결합을 총 세 번 합니다. 그럼 여기서 전자 한 개가 남습니다. 이 전자가 층 사이를 자유롭게 이동하면서 전류가 흘러 전기 전도성을 띠는 거지요.

이번에는 역시 탄소로 구성된 풀러렌과 그래핀에 관해 알아볼 게요. 두 물질은 최초로 발견한 과학자와 합성에 성공한 과학자에게 노벨상이 수여되었어요. 그런 만큼 주목할 필요가 있습니다.

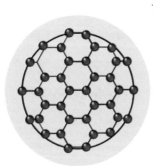

풀러렌의 탄소 구조

풀러렌은 오각형 12개와 육각형 20개로 이루어진 축구공 모양의 구조입니다. 가장 안정한 C_{60} 풀러렌이 많이 알려졌지만 다양한 구조의 이성질체가 존재합니다. 풀러렌은 내부가 비어 있는 구조로, 그 안에 다른 물질을 넣어 물리·화학적인 특성을 변화시킬 수도 있습니다. 암 치료에 필요한 약물을 채워 표적 세포로 전달하는 기술이 상용화된다면 맞춤형 의약품 개발에 지대한 영향을 줄 수 있지 않을까 기대합니다.

그래핀은 물리·화학적으로 안정성이 매우 높고 응용 분야가 광범위해 꿈의 신소재로 알려져 있습니다. 상온에서 투명 테이프를 흑연에 붙였다 떼기를 수없이 반복해 그래핀을 벗겨내는 데 성공했지요. 이 성과로 영국 맨체스터대학교의 가임 교수 연구

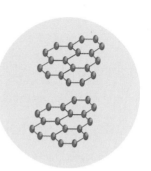

그래핀의 탄소 구조

팀은 노벨상을 받았습니다. 그래핀은 탄소 원자들이 2차원 육각 평면구조(평면 벌집 구조)로 형성되어 있습니다. 흑연의 구조에서 한 층만 벗겨낸 거니까요. 그래핀은 현재까지 가장 얇은 물질이지만, 전기 전도성은 구리보다 약 100배 이상 높고, 면적을 10% 이상 늘리고 접어도 전기 전도성을 잃지 않습니다. 또 뛰어난 유연성과 빛을 투과시키는 성질도 있습니다. 접거나 구부려도 화질을 유지할 수 있는 플렉시블 디스플레이의 **투명전극**으로도 적용될 가능성이 있습니다. 가능하다는 것이 아니라 가능성이 있다고요? 아직은 여러 단점이 있어 고품질 그래핀을 만들기가 어렵기 때문이에요. 대량 생산할 수 있어 산업에 활용된다면 관련 산업 분야

에 혁신을 이끌 잠재력을 가진 물질입니다. 그래핀에는 미안하지만 전자파 차폐 능력을 갖춘 2차원 구조의 '맥신'이라는 물질도 발견됐어요. 탄소로만 이루어진 그래핀과 달리 다양한 전이 금속으로 조합이 가능해서 더 다양한 특성을 구현할 수도 있습니다. 그래핀이냐 맥신이냐? 어느 것이 먼저 상용화되어 미래 산업에 획기적 변화를 가져올까요? 그나저나 결국 화학이네요!

탄소 동소체의 마지막은 탄소 나노튜브입니다. 탄소 나노튜브는 그래핀을 나노 크기의 원기둥 모양으로 말아서 만든 튜브 구조입니다. 그래핀이라면? 전기 전도성이 뛰어나겠네요! 그래서 전자 공학에서 회로 개발이나 반도체 공학에서 소자의 성능 향상 등 활용 면에서 무한한 잠재력을 지녔습니다. 그리고 강도도 높아 건축이나 우주항공 분야에 사용되는 부품 등에 응용될 가능성이 큽니다. 현재는 전기자동차 시장에서도 소재의 경량화와 배터리 기술을 개선하는 데 사용되고 있습니다. 튜브의 지름을 조절하면 다양한 특성을 가진 물질들도 만들어낼 수 있습니다. 하지만 생산 비용 절감과 나노튜브의 품질 향상, 제어기술 향상 등 극복해야 할 문제들이 있습니다. 지금보다 더 다양한 산업에서 상용화가 된다면 혁신적인 제품이 등장할 것입니다. 그러기 위해서는 응용 분야가 넓은 소재 연구와 대량 생산과 기술을 위해 꾸준한 연구와 지원이 뒷받침되어야 합니다. 해당 기술에 관한 관심과 정부의 정

요즘 청소년을 위한 화학의 쓸모

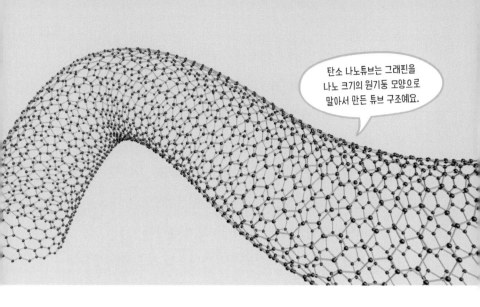

탄소 나노튜브는 그래핀을 나노 크기의 원기둥 모양으로 말아서 만든 튜브 구조예요.

책적·경제적 지원이 있어야 가능한 일입니다. 여러 어려움 속에서도 연구를 계속하고 있는 공학자들에게 경외의 마음을 보냅니다.

탄소의 다양한 변신은 멋지지만, 현재 지구에 닥친 기후 위기 또한 탄소가 많은 부분 책임이 있습니다. 탄소를 지배하는 자가 내일의 지구도 지키고 미래 세상도 변화시킬 수 있으리라 봅니다.

이산화탄소, 널 잡아서 재활용하고 말 거야!

나날이 심각해지고 있는 기후 문제! 전 세계는 지금 기후 변화와 기상 이변으로 몸살을 앓고 있습니다. 그런데 정작 주범인 이산화탄소 배출을 당장 중단할 수도 없는 실정입니다.

국제사회는 탄소의 배출량과 흡수량의 균형을 맞추어 탄소의 실질 배출량을 '0' 그러니까 ZERO로 만들기 위한 **탄소 중립** 정책을 세우고 있습니다. 만약 이산화탄소를 재활용할 수 있다면 친환경적인 자원순환이 가능해지고, 탄소 감축 효과도 극대화해 탄소 제로를 맞이할 수 있을 겁니다. 그래서 과학자들은 화석 연료를 사용하는 한 앞으로도 끊임없이 배출될 이산화탄소를 붙잡아 저장하거나 재활용하는 방법 등을 연구하고 있습니다.

탄소 중립을 위한 핵심 기술로 이산화탄소를 포집·활용·저장하는 **CCUS**(Carbon Capture, Utilization and Storage)가 있습니다. CCUS는 이산화탄소 포집·저장(**CCS**, Carbon Capture Storage)과 이산화탄소의 포집·활용(**CCU**, Carbon Capture Utilization) 기술로 나눌 수 있습니다. CCS가 이산화탄소를 포집해 분리 저장한다면, CCU는 재활용을 한다는 게 큰 차이입니다.

먼저 이산화탄소의 포집·저장 기술을 소개할게요. 이 기술은 이산화탄소를 쓰레기처럼 해양이나 지표에 묻는 방법입니다. 핵심은 크게 세 가지 기술입니다. 이산화탄소 발생원에서 이산화탄소를 회수하는 **포집 기술**, 포집한 이산화탄소를 액화시켜 파이프라인이나 선박으로 운송하는 **수송 기술**, 그리고 해상이나 지표에 장기적으로 안정하게 주입하고 저장하는 **저장 기술**이지요.

연소 후 포집은 연소 과정에서 발생한 배기가스에 포함된 혼합

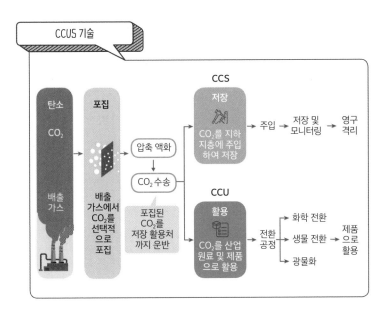

물에서 흡수·흡착제, 분리막, 화학 촉매제(아민 등 사용) 등을 활용해 이산화탄소를 분리하는 기술입니다. 대기압과 저온에서 가능해 상용화가 많이 이루어졌지만, 아직은 공정이 복잡해 비용이 많이 들어 경제성이 떨어집니다. 수송 기술은 선박이나 파이프라인을 이용하는 방식 중 지리적·경제적 여건을 고려해 적합한 방식을 선택합니다. 일반적으로 거리를 고려해 1,000km 이내는 육상 또는 해상 파이프라인을 사용하고 1,000~1,800km 거리까지는 육상 파이프라인을 사용합니다. 1,800km 이상인 먼 거리는 선박을 이용하는 것이 유리합니다. 저장 기술은 포집과 수송보다 더 중요합니다. 내륙 저장법(지중저장)은 이산화탄소와 화학결합이 가능한 광물과 화학반응을 시켜서 저장하는 방법입니다. 내륙 저장법은 포집된 이산화탄소를 지하 깊숙한 곳에 있는 적절한 암석층이나 빈 유전, 가스전 등에 주입해 장기간 격리하도록 저장하는 방법이에요. 그리고 해양 저장법은 이산화탄소를 해양 깊은 곳에 주입하여 저장하는 방법입니다.

결론적으로 "CCS 기술이 없으면, 지구의 온도 상승을 1.5℃로 제한하고자 하는 목표를 달성하는 것은 불가능하다"라고 국제에너지기구(IEA)에서 발표할 만큼 탄소 중립 정책을 달성하기 위해서는 꼭 필요한 기술이라고 할 수 있어요. 따라서 효율성 향상과 경제성 확보를 위한 CCS 기술 개발을 꾸준히 이어가야 합니다.

이산화탄소의 포집·활용 기술로는 저탄소 녹색성장과 지속가능한 발전을 꾀할 수 있습니다. 상용화 단계까지는 기술 발전이 이루어졌고, 최악의 기후 변화를 막아낼 수 있는 최고의 기술로 기대감을 모으고 있지요.

이산화탄소의 재활용에는 세 가지 연구가 진행되고 있습니다. 하나는 인공 광합성으로 물을 분해해 얻은 수소와 이산화탄소를 반응시켜 메탄올과 같은 바이오 연료를 생산하는 거예요. 그리고 이산화탄소를 칼슘염이나 마그네슘염과 화학반응을 일으켜 광물 형태로 만들어 시멘트 같은 건축자재로 사용하는 것입니다. 마지막으로는 촉매 화학을 활용하여 폴리카보네이트를 합성하거나, 아세트산을 합성해 화학제품을 생산하는 것입니다. 실제로 LG화학은 자체 기술로 공장에서 포집한 이산화탄소와 부생가스인 메탄을 사용해 플라스틱을 만드는 설비를 구축하고 상업화까지 국내 최초로 이뤄냈습니다. 이산화탄소 전환에 핵심이 되는 촉매까지 독자 기술로 개발했습니다.

잠깐, 연소가스에 포함된 질소산화물은 이산화탄소나 미세먼지를 유발해요. 하지만 질소산화물을 미세조류의 먹이처럼 유용한 물질로 전환할 수도 있지 않을까요? 그렇게 되면 에너지나 다양한 소재로 활용할 수 있고 이산화탄소 감축에도 효과가 있을 테고요. 그래서 미세조류를 활용한 생물학적 전환 방법이 최근 차세대 유망기술로 주목받고 있습니다.

앞으로 인류는 이산화탄소를 대기 중에서 얼마만큼 감축시킬 수 있는지에 따라 생존의 향방이 달려 있다고 해도 과언이 아닙니다. CCUS 기술 개발과 더불어 미래에는 신재생에너지의 효율성을 높여가며, 단계적으로 산업구조를 개편하는 기술 혁신이 필요합니다. 기후 변화와 기후 위기 문제와 관련된 여러 과학기술 분야에서도 화학이 큰일을 해낼 거 같습니다.

무엇을 상상하든 그 이상을 해낼 바이오화학!

생명체 내에서 발생하는 다양한 화학 기전을 연구하는 것은 이제 생명과학 분야뿐 아니라 화학 분야에서도 활발합니다. 생물학적 분자들의 구조와 기능, 상호작용 등에 관련된 화학의 원리들은 의학, 식량, 에너지, 소재 분야에 폭넓게 활용될 수 있습니다. 지속가능한 미래와 인류의 복지 증진에 화학과 생명과학의 상호작용을 탐구하는 바이오화학이 주목받는 이유입니다.

인류 삶에 지대한 영향을 미치는 식량 분야에서는 안전하면서 풍부한 먹거리를 위해 유전자 조작 식품, 병충해 해결법, 비료와 농약 개발, 신산업 육성을 위한 식물 종자 개발 등에 박차를 가하고 있습니다. 그리고 바이오화학은 질병의 원인과 치료법을 연구하기 위해 인체 내 대사 조절 메커니즘을 밝혀 의학과 약학의 발전에도 기여하고 있지요. 신약 개발이나 생체 접합 소재, 유전자 편집 기술 등의 연구를 통해 새로운 치료법을 모색 중입니다. 이러한 연구는 향후 환자 맞춤형 치료와 질병의 진단과 예방에도 크게 이바지할 것입니다.

바이오를 기반으로 하는 폴리머 소재 개발이나 친환경 에너지 소재 개발에도 화학은 중추적인 역할을 하고 있어요. 폐플라스틱 문제를 해결해 줄 생분해성 플라스틱, 더 가볍고 내구성이 뛰어난 복합재, 다양한 산업 분야에 활용될 나노 재료, 바이오 연료까지

바이오화학은 생체 접합 소재,
신약 개발, 식량 문제 해결,
생분해 플라스틱, 바이오 연료 등
새로운 기술을 제공할 거예요.

그 범위가 무한하지요. 건강과 환경, 에너지, 자연 생태계까지 바이오화학의 미래는 희망찬 약속으로 가득 차 있습니다.

화학은 과거에도 그러했듯 현재도 앞으로도 우리 곁에 있을 겁니다. 새로운 세상을 만들어가며 닥쳐올 문제들을 예측하고 해결 방안을 찾아 우리의 내일을 변화시키는 중입니다.

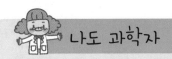
나도 과학자

활동 1 영화 속 화학 이야기 찾아보기

〈마션 The Martian〉(2015)

이 영화에는 화성 탐사 중 사고로 혼자 남겨진 우주비행사 마크 와트니(맷 데이먼)가 생존을 위해 화학 기술을 활용하는 내용이 나옵니다. 그는 화성에서 감자를 재배하기 위해 화학 지식을 사용합니다. 자기 배설물을 비료로 사용하고, 수소와 산소를 결합해 물을 만드는 화학반응($2H_2 + O_2 \rightarrow 2H_2O$)을 통해 물을 얻습니다. 이러한 장면들은 화학 기술이 실제로 생존과 자원 활용에 얼마나 중요한지를 보여줍니다.

〈퍼스트맨 First Man〉(2018)

이 영화는 아폴로 11호의 달 착륙을 다루며, 우주 탐사에서의 화학 기술을 강조합니다. 우주선 추진체에 사용되는 연료의 화학반응, 생명 유지 장치에서 이산화탄소를 제거하는 기술 등 다양한 화학적 원리가 사용됩니다. 특히 우주 비행 동안 발생할 수 있는 여러 문제를 해결하기 위해 화학 기술이 어떻게 적용되는지를 상세히 보여줍니다.

위의 예처럼 과학적 사실을 기반으로 한 영화는 관객에게 현실감을 더해줍니다. 영화 속 세계는 주인공들의 이야기뿐 아니라 화학의 중요성과 과학 발전의 무한한 가능성을 보여줍니다. 화학 기술이 영화의 소재로 활용된 사례들을 더 찾아보고 화학이 만들어가는 첨단 세계를 상상하며 즐겨봅시다. 그리고 윤리 철학이 없는 과학이 어떤 암울한 미래를 만들지도 생각해 보고, 더 나은 세계를 위해 과학자가 갖춰야 할 소양에 대해서도 고민해 봅시다.

활동 2 화학과 미래 과학의 융합 자료 찾아보기

❶ **친환경 화학 기술 개발** 화학 공정에서 발생하는 유해 물질 배출을 최소화하고, 환경친화적인 대체 물질을 사용하는 기술에 관해 탐구해 봅시다.(녹색화학반응을 이용해 해로운 용매 대신 물을 사용하거나, 바이오매스를 원료로 하는 합성 공정 등)

❷ **신약 개발을 위한 최신 기술** 신약 개발 과정에서 활용되는 첨단 기술과 방법론에 관해 탐구해 봅시다.(고 처리량 스크리닝 모델의 분석, 구조 기반 약물 설계, 인공지능 등을 활용한 신약 개발 등)

❸ **바이오 의약품과 합성 의약품의 융합** 바이오 의약품과 전통적 합성 의약품 간의 융합 기술에 관해 탐구해 봅시다.(단백질 기반 치료제와 합성 화합물의 혼합 치료법 등)

❹ **에너지 저장 및 변환을 위한 소재** 배터리, 연료전지, 태양광 패널 등 에너지 저장 및 변환 장치에 사용되는 혁신적인 소재를 탐구해 봅시다.(리튬이온 배터리의 성능을 향상하기 위한 새로운 전해질 및 전극 소재, 에너지 변환 과정에서 효율을 높이고 에너지 손실을 줄이는 촉매 개발과 응용 등)

❺ **나노 소재의 합성 및 응용** 나노 입자, 나노튜브, 그래핀 등의 나노 소재 합성 기술과 다양한 응용 분야에 관해 탐구해 봅시다.(전자, 의료, 에너지 저장 분야 등에서 나노 소재의 활용도와 현재 연구 동향 탐구. 나노 입자를 이용해 약물을 체내 특정 부위로 전달하는 방법과 그 화학적 원리 등)

❻ **수소 연료와 배터리 기술** 수소를 연료로 사용하여 깨끗한 에너지를 생산하는 기술과 고성능 배터리 개발에 관해 탐구해 봅시다.(수소연료전지의 화학적 원리와 효율을 높이기 위한 촉매 개발과 적용 방법에 관한 탐구, 리튬이온 배터리를 대체할 수 있는 차세대 배터리의 화학적 원리와 개발 방향 등)